例解钢筋工程实用技术系列

例解钢筋识图方法

LIJIE GANGJIN SHITU FANGFA

主编◎李守巨

知识产权出版社
全国百佳图书出版单位

本书编写组

主　编　李守巨

参　编　徐　鑫　于　涛　王丽娟　成育芳

　　　　刘艳君　孙丽娜　何　影　李春娜

　　　　赵　慧　陶红梅　夏　欣

前　言

　　平法就是把结构构件的尺寸和配筋等，按照平面整体表示方法制图规则，整体直接表达在各类构件的结构平面布置图上，再与标准构造详图相配合，即构成一套新型完整的结构设计。平法改变了传统的那种将构件从结构平面布置图中索引出来，再逐个绘制配筋详图的繁琐方法。平法的优点是通过平面布置图把所有构件整体地一次表达清楚，使结构设计方便，表达准确、全面，数值唯一、易随机修正，提高设计效率；使施工看图、记忆、查找方便，表达顺序与施工一致，利于质检，利于编制预、决算。运用平法制图规则，施工人员通过识图会审，对平法设计图纸全面熟悉、掌握，并对结构层面构件与标准构造部分翻样，为编制施工预算和施工组织设计提供依据与数据及加工大样图。基于此，我们组织编写了此书，方便相关工作人员学习平法钢筋识图知识。

　　本书根据《混凝土结构施工图平面整体表示方法制图规则和构造详图》（11G101－1～11G101－3）和《混凝土结构施工钢筋排布规则与构造详图》（12G901－1～12G901－3）及《混凝土结构设计规范》（GB 50010—2010）、《建筑抗震设计规范》（GB 50011—2010）编写。全书共分六章，包括：基础钢筋识图、柱构件钢筋识图、梁构件钢筋识图、剪力墙构件钢筋识图、板构件钢筋识图以及板式楼梯钢筋识图。本书把相关内容板块化独立出来，便于读者快速查找。本书可供设计人员、施工技术人员、工程造价人员以及相关专业师生学习参考。

　　由于编写时间仓促，编者经验、理论水平有限，难免有疏漏、不足之处，敬请广大读者给予批评、指正。

目　录

1

基 础 钢 筋 识 图

1.1 独立基础平法识图

常遇问题

1. 独立基础截面竖向尺寸是由什么组成的?
2. 独立基础底板底部配筋如何注写?
3. 高杯口独立基础杯壁外侧和短柱配筋如何注写?
4. 多柱独立基础底板顶部筋如何注写?
5. 独立基础原位标注的具体内容是什么?
6. 独立基础截面注写方式包括哪些内容?

【识图方法】

◆独立基础的平面注写方式

独立基础的平面注写方式是指直接在独立基础平面布置图上进行数据项的标注,可分为集中标注和原位标注两种。

(1) 集中标注

普通独立基础和杯口独立基础的集中标注,是指在基础平面图上集中引注:基础编号、截面竖向尺寸、配筋三项必注内容,以及基础底面标高(与基础底面基准标高不同时)和必要的文字注解两项选注内容。

1) 基础编号。各种独立基础编号,见表 1-1。

表 1-1 独立基础编号

类　型	基础底板截面形状	代号	序号
普通独立基础	阶形	DJ_J	××
	坡形	DJ_P	××
杯口独立基础	阶形	BJ_J	××
	坡形	BJ_P	××

注 设计时应注意:当独立基础截面形状为坡形时,其坡面应采用能保证混凝土浇筑、振捣密实的较缓坡度;当采用较陡坡度时,应要求施工采用在基础顶部坡面加模板等措施,以确保独立基础的坡面浇筑成型、振捣密实。

2) 截面竖向尺寸

①普通独立基础(包括单柱独基和多柱独基)。

a. 阶形截面。当基础为阶形截面时,注写方式为"$h_1/h_2/\cdots\cdots$",如图 1-1 所示。

当基础为单阶时,其竖向尺寸仅为一个,且为基础总厚度 h_1,如图 1-2 所示。

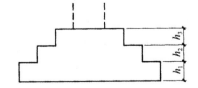

图 1-1 阶形截面普通独立基础竖向尺寸

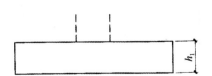

图 1-2 单阶普通独立基础竖向尺寸

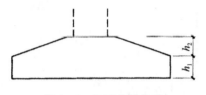

图1-3 坡形截面普通
独立基础竖向尺寸

b. 坡形截面。当基础为坡形截面时，注写方式为 "h_1/h_2"，如图1-3所示。

②杯口独立基础

a. 阶形截面。当基础为阶形截面时，其竖向尺寸分两组，一组表达杯口内，另一组表达杯口外，两组尺寸以 "，" 分隔，注写方式为 "a_0/a_1，$h_1/h_2/\cdots\cdots$"，如图1-4、图1-5所示，其中杯口深度 a_0 为柱插入杯口的尺寸加50mm。

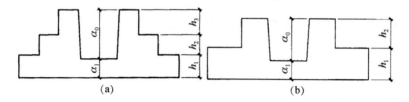

(a) (b)

图1-4 阶形截面杯口独立基础竖向尺寸
(a) 注写方式（一）；(b) 注写方式（二）

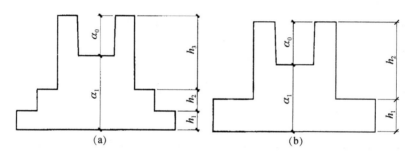

(a) (b)

图1-5 阶形截面高杯口独立基础竖向尺寸
(a) 注写方式（一）；(b) 注写方式（二）

b. 坡形截面。当基础为坡形截面时，注写方式为 "a_0/a_1，$h_1/h_2/h_3/\cdots\cdots$"，如图1-6、图1-7所示。

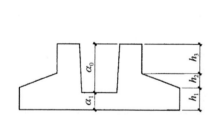

图1-6 坡形截面杯口独立基础竖向尺寸

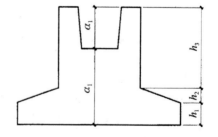

图1-7 坡形截面高杯口独立基础竖向尺寸

3）配筋

①独立基础底板配筋。普通独立基础（单柱独基）和杯口独立基础的底部双向配筋注写方式如下：

a. 以B代表各种独立基础底板的底部配筋。

b. X 向配筋以 X 打头、Y 向配筋以 Y 打头注写；当两向配筋相同时，则以 X&Y 打头注写。

②杯口独立基础顶部焊接钢筋网。杯口独立基础顶部焊接钢筋网注写方式为：以 Sn 打头引注杯口顶部焊接钢筋网的各边钢筋。当双杯口独立基础中间杯壁厚度小于 400mm 时，在中间杯壁中配置构造钢筋见相应标准构造详图，设计不注。

③高杯口独立基础侧壁外侧和短柱配筋。高杯口独立基础侧壁外侧和短柱配筋注写方式为：

a. 以 O 代表杯壁外侧和短柱配筋。

b. 先注写杯壁外侧和短柱纵筋，再注写箍筋。注写方式为"角筋/长边中部筋/短边中部筋，箍筋（两种间距）"；当杯壁水平截面为正方形时，注写方式为"角筋/x 边中部筋/y 边中部筋，箍筋（两种间距，杯口范围内箍筋间距/短柱范围内箍筋间距）"。

c. 对于双高杯口独立基础的杯壁外侧配筋，注写方式与单高杯口相同，施工区别在于杯壁外侧配筋为同时环住两个杯口的外壁配筋，如图 1-8 所示。

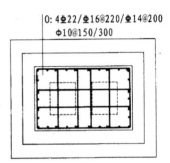

O: 4ϕ22/ϕ16@220/ϕ14@200
ϕ10@150/300

图 1-8 双高杯口独立
基础杯壁配筋示意

当双高杯口独立基础中间杯壁厚度小于 400mm 时，在中间杯壁中配置构造钢筋见相应标准构造详图，设计不注。

④普通独立深基础短柱竖向尺寸及钢筋。当独立基础埋深较大，设置短柱时，短柱配筋应注写在独立基础中。具体注写方式如下：

a. 以 DZ 代表普通独立深基础短柱。

b. 先注写短柱纵筋，再注写箍筋，最后注写短柱标高范围。注写方式为"角筋/长边中部筋/短边中部筋，箍筋，短柱标高范围"；当短柱水平截面为正方形时，注写方式为"角筋/x 中部筋/y 中部筋，箍筋，短柱标高范围"。

⑤多柱独立基础顶部配筋。独立基础通常为单柱独立基础，也可为多柱独立基础（双柱或四柱等）。多柱独立基础的编号、几何尺寸和配筋的标注方法与单柱独立基础相同。

当为双柱独立基础时，通常仅基础底部配置钢筋；当柱距离较大时，除基础底部配筋外，尚需在两柱间配置基础顶部钢筋或设置基础梁；当为四柱独立基础时，通常可设置两道平行的基础梁，需要时可在两道基础梁之间配置基础顶部钢筋。

多柱独立基础的底板顶部配筋注写方式为：

a. 以 T 代表多柱独立基础的底板顶部配筋。注写格式为"双柱间纵向受力钢筋/分布钢筋"。当纵向受力钢筋在基础底板顶面非满布时，应注明其根数。

b. 基础梁的注写规定与条形基础的基础梁注写方式相同。

c. 双柱独立基础的底板配筋注写方式，可以按条形基础底板的注写方式，也可以按独立基础底板的注写方式。

d. 配置两道基础梁的四柱独立基础底板顶部配筋注写方式。当四柱独立基础已设置两道平行的基础梁时，根据内力需要可在双梁之间及梁的长度范围内配置基础顶部钢筋，注写方式为"梁间受力钢筋/分布钢筋"。

4）底面标高。当独立基础的底面标高与基础底面基准标高不同时，应将独立基础底面标高直接注写在"（　）"内。

5）必要的文字注解。当独立基础的设计有特殊要求时，宜增加必要的文字注解。例如，基础底板配筋长度是否采用减短方式等，可在该项内注明。

（2）原位标注

钢筋混凝土和素混凝土独立基础的原位标注，是指在基础平面布置图上标注独立基础的平面尺寸。对相同编号的基础，可选择一个进行原位标注；当平面图形较小时，可将所选定进行原位标注的基础按比例适当放大；其他相同编号者仅注编号。下面按普通独立基础和杯口独立基础分别进行说明。

1）普通独立基础。原位标注 x、y，x_c、y_c（或圆柱直径 d_c），x_i、y_i，$i=1，2，3\cdots\cdots$。其中，x、y 为普通独立基础两向边长，x_c、y_c 为柱截面尺寸，x_i、y_i 为阶宽或坡形平面尺寸（当设置短柱时，尚应标注短柱的截面尺寸）。

①阶形截面。对称阶形截面普通独立基础原位标注识图，如图 1-9 所示。非对称阶形截面普通独立基础原位标注识图，如图 1-10 所示。

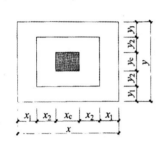

图 1-9　对称阶形截面普通
独立基础原位标注

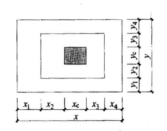

图 1-10　非对称阶形截面普通
独立基础原位标注

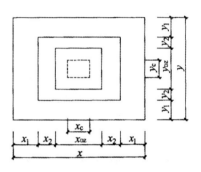

图 1-11　设置短柱普通独立
基础原位标注

设置短柱普通独立基础原位标注识图，如图 1-11 所示。

②坡形截面。对称坡形普通独立基础原位标注识图，如图 1-12 所示。非对称坡形普通独立基础原位标注识图，如图 1-13 所示。

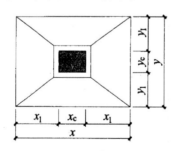

图 1-12　对称坡形截面普通
独立基础原位标注

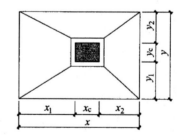

图 1-13　非对称坡形截面普通
独立基础原位标注

2）杯口独立基础。原位标注 x、y，x_u、y_u，t_i，x_i、y_i，$i=1，2，3\cdots\cdots$。其中，x、y 为杯口独立基础两向边长，x_u、y_u 为柱截面尺寸，t_i 为杯壁厚度，x_i、y_i 为阶宽或坡形截面尺寸。

杯口上口尺寸 x_u、y_u，按柱截面边长两侧双向各加 75mm；杯口下口尺寸按标准构造详图（为插入杯口的相应柱截面边长尺寸，每边各加 50mm），设计不注。

①阶形截面。阶形截面杯口独立基础原位标注识图，如图 1-14 所示。

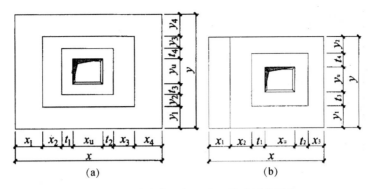

图 1-14 阶形截面杯口独立基础原位标注

(a) 基础底板四边阶数相同；(b) 基础底板的一边比其他三边多一阶

②坡形截面。坡形截面杯口独立基础原位标注识图，如图 1-15 所示。

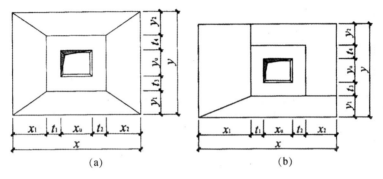

图 1-15 坡形截面杯口独立基础原位标注

(a) 基础底板四边均放坡；(b) 基础底板有两边不放坡

(注：高杯口独立基础原位标注与杯口独立基础完全相同。)

(3) 平面注写方式识图

1) 普通独立基础平面注写方式，如图 1-16 所示。

2) 设置短柱独立基础平面注写方式，如图 1-17 所示。

3) 杯口独立基础平面注写方式，如图 1-18 所示。

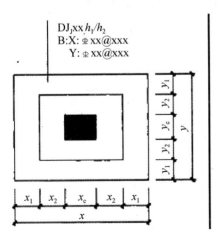

图 1-16 普通独立基础
平面注写方式

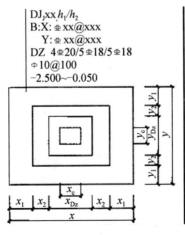

图 1-17 设置短柱独立
基础平面注写方式

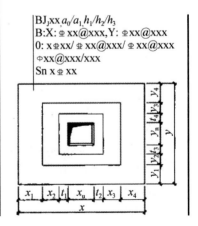

图 1-18 杯口独立基础
平面注写方式

◆**独立基础的截面注写方式**

（1）截面标注

截面标注适用于单个基础的标注，与传统"单构件正投影表示方法"基本相同。对于已在基础平面布置图上原位标注清楚的该基础的平面几何尺寸，在截面图上可不再重复表达，具体表达内容可参照《11G101-3》图集中相应的标准构造。

（2）列表标注

列表标注主要适用于多个同类基础的标注的集中表达。表中内容为基础截面的几何数据和配筋等，在截面示意图上应标注与表中栏目相对应的代号。

1）普通独立基础列表格式见表1-2。

表1-2　　　　　　　　　　　普通独立基础几何尺寸和配筋表

基础编号/截面号	截面几何尺寸				底部配筋（B）	
	x、y	x_c、y_c	x_i、y_i	$h_1/h_2/\cdots\cdots$	X 向	Y 向

注　表中可根据实际情况增加栏目。例如：当基础底面标高与基础底面基准标高不同时，加注基础底面标高；当为双柱独立基础时，加注基础顶部配筋或基础梁几何尺寸和配筋；当设置短柱时增加短柱尺寸及配筋等。

表中各项栏目含义：

①编号：阶形截面编号为 $DJ_J\times\times$，坡形截面编号为 $DJ_P\times\times$。

②几何尺寸：水平尺寸 x、y、x_c、y_c（或圆柱直径 d_c），x_i、y_i，$i=1$，2，3……；竖向尺寸 $h_1/h_2/\cdots\cdots$。

③配筋：B：X：$\Phi\times\times@\times\times\times$，Y：$\Phi\times\times@\times\times\times$。

2）杯口独立基础列表格式见表1-3。

表1-3　　　　　　　　　　　杯口独立基础几何尺寸和配筋表

基础编号/截面号	截面几何尺寸				底部配筋（B）		杯口顶部钢筋网（Sn）	杯壁外侧配筋（O）	
	x、y	x_c、y_c	x_i、y_i	a_0、a_1，$h_1/h_2/h_3\cdots\cdots$	X 向	Y 向		角筋/长边中部筋/短边中部筋	杯口箍筋/短柱箍筋

注　表中可根据实际情况增加栏目。如当基础底面标高与基础底面基准标高不同时，加注基础底面标高；或增加说明栏目等。

表中各项栏目含义：

①编号：阶形截面编号为 $BJ_J\times\times$，坡形截面编号为 $BJ_P\times\times$。

②几何尺寸：水平尺寸 x、y、x_u、y_u、t_i、x_i、y_i，$i=1$，2，3……；竖向尺寸 a_0、a_1，$h_1/h_2/h_3\cdots\cdots$。

③配筋：B：X：$\Phi\times\times@\times\times\times$，Y：$\Phi\times\times@\times\times\times$，Sn$\times\Phi\times\times$，

O：$\times\Phi\times\times/\Phi\times\times@\times\times\times/\Phi\times\times@\times\times\times$，$\Phi\times\times@\times\times\times/\times\times\times$。

【实　例】

【例 1-1】　当坡形截面普通独立基础 DJ$_p$×× 的竖向尺寸注写为 350/300 时，表示 $h_1=350$、$h_2=300$，基础底板总厚度为 650。

【例 1-2】　当独立基础底板配筋标注为：B：X ⊈ 16@150，Y ⊈ 16@200；表示基础底板底部配置 HRB400 级钢筋，X 向直径为 ⊈ 16，分布间距为 150mm；Y 向直径为 ⊈ 16，分布间距为 200mm。如图 1-19 所示。

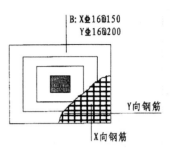

【例 1-3】　当单杯口独立基础顶部钢筋网标注为：Sn 2 ⊈ 14，表示杯口顶部每边配置 2 根 HRB400 级直径为 ⊈ 14 的焊接钢筋网，如图 1-20 所示。

图 1-19　独立基础底板底部双向配筋示意

【例 1-4】　当高杯口独立基础的杯壁外侧和短柱配筋标注为：O：4 ⊈ 20/⊈ 16@220/⊈ 16@200，φ10@150/300；表示高杯口独立基础的杯壁外侧和短柱配置 HRB400 级竖向钢筋和 HPB300 级箍筋。其竖向钢筋为：4 ⊈ 20 角筋、⊈ 16@220 长边中部筋和 ⊈ 16@200 短边中部筋；其箍筋直径为 φ10，杯口范围间距为 150mm，短柱范围间距为 300mm，如图 1-21 所示。

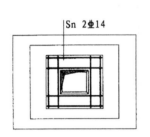

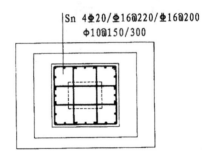

图 1-20　单杯口独立基础　　　　　图 1-21　高杯口独立
顶部焊接钢筋网示意　　　　　　　基础杯壁配筋示意

1.2　独立基础钢筋构造识图

常遇问题

1. 独立基础底板配筋构造有何特点？
2. 普通单杯口独立基础构造有何特点？
3. 双杯口独立基础构造有何特点？
4. 高杯口独立基础构造有何特点？
5. 高双杯口独立基础构造有何特点？
6. 单柱普通独立深基础短柱配筋构造有何特点？
7. 双柱普通独立深基础短柱配筋构造有何特点？

【识图方法】

◆独立基础底板配筋构造特点

独立基础底板配筋构造适用于普通独立基础、杯口独立基础,其配筋构造如图 1-22 所示。

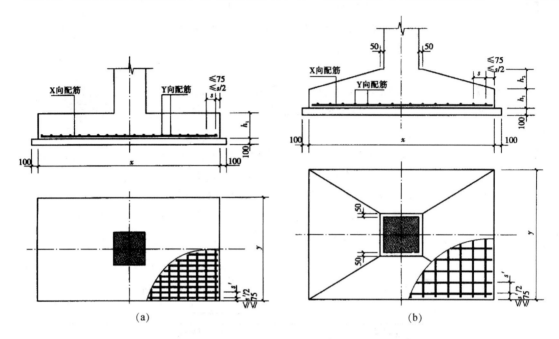

图 1-22 独立基础底板配筋构造
(a) 阶形;(b) 坡形

(1) 独立基础底板配筋构造适用于普通独立基础和杯口独立基础。

(2) 几何尺寸和配筋根据具体结构设计和图 1-22 构造确定。

(3) 独立基础底板双向交叉钢筋长向设置在下,短向设置在上。

◆双柱独立基础底板顶部配筋

双柱独立基础底板顶部配筋,由纵向受力钢筋和横向分布筋组成,如图 1-23 所示。

(1) 纵向受力钢筋。纵向受力钢筋长度=两柱之间内侧边净距+两端锚固长度(每边锚固 l_a)。

(2) 横向分布筋。横向分布筋长度=纵向受力筋布置范围长度+两端超出受力筋外的长度(每边按 75mm 取值)。

横向分布筋在纵向受力筋的长度范围布置,起步距一般按"分布筋间距/2"考虑。分布筋位置宜设置在受力筋之下。

双柱独立基础底板底部配筋,由双向受力筋组成,钢筋构造要点如下:

(1) 沿双柱方向,在确定基础底板底部钢筋长度缩减 10% 时,基础底板长度应按减去两柱中心距尺寸后的长度取用。

(2) 钢筋位置关系。双柱普通独立基础底部双向交叉钢筋,根据基础两个方向从柱外缘至基础外缘的延伸长度 ex 和 ex' 的大小,较大者方向的钢筋设置在下,较小者方向的钢筋设置在

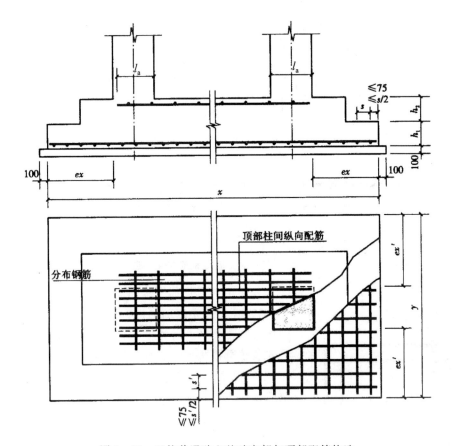

图 1-23 双柱普通独立基础底部与顶部配筋构造

上。而基础顶部双向交叉钢筋，则柱间纵向钢筋在上，柱间分布钢筋在下。

◆**杯口独立基础构造**

（1）普通单杯口独立基础构造

普通单杯口独立基础构造如图 1-24 所示，钢筋排布构造如图 1-25 所示。

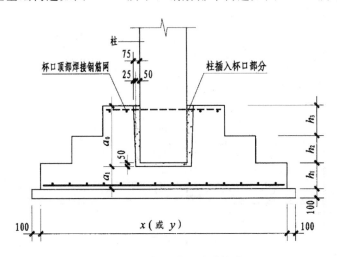

图 1-24 杯口独立基础构造

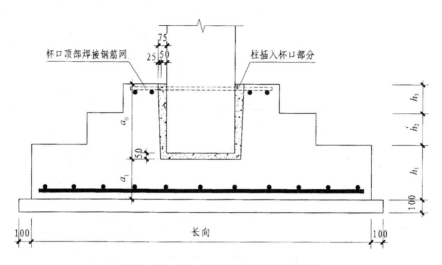

图1-25 杯口独立基础钢筋排布构造

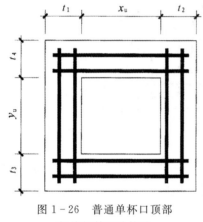

图1-26 普通单杯口顶部
焊接钢筋网片构造

普通单杯口顶部焊接钢筋网片构造如图1-26所示。

1)杯口独立基础底板的截面形状可以为阶形截面 BJ$_J$ 或坡形截面 BJ$_P$。当为坡形截面且坡度较大时,应在坡面上安装顶部模板,以确保混凝土能够浇筑成型、振捣密实。

2)柱插入杯口部分的表面应凿毛,柱子与杯口之间的空隙用比基础混凝土强度等级高一级的细石混凝土先填底部,将柱校正后灌注振实四周。

(2)双杯口独立基础构造

双杯口独立基础构造如图1-27所示,钢筋排布构造如图1-28所示。

双杯口顶部焊接钢筋网片构造如图1-29所示。

1)双杯口独立基础底板的截面形状可以为阶形截面 BJ$_J$ 或坡形截面 BJ$_P$。当为坡形截面且坡度较大时,应在坡面上安装顶部模板,以确保混凝土能够浇筑成型、振捣密实。

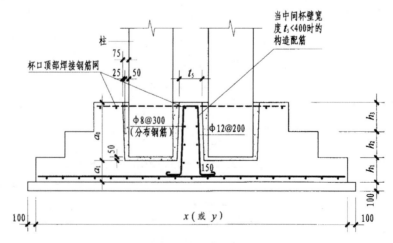

图1-27 双杯口独立基础构造

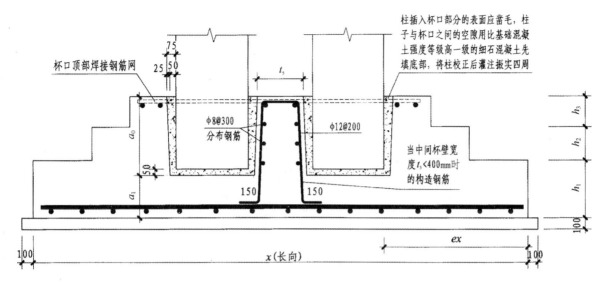

图1-28　双杯口独立基础钢筋排布构造

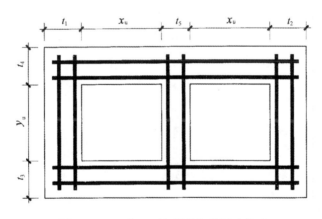

图1-29　双杯口顶部焊接钢筋网片构造

2）当双杯口独立基础的中间杯壁宽度 t_5 ＜400mm 时，才设置图1-28中的构造钢筋。

（3）高杯口独立基础构造

高杯口独立基础杯壁和基础短柱配筋构造如图1-30所示，钢筋排布构造如图1-31所示。

杯口独立基础底板的截面形状可以为阶形截面 BJ_J 或坡形截面 BJ_P。当为坡形截面且坡度较大时，应在坡面上安装顶部模板，以确保混凝土能够浇筑成型、振捣密实。

（4）高双杯口独立基础构造

高双杯口独立基础杯壁和基础短柱配筋构造如图1-32所示，钢筋排布构造如图1-33所示。

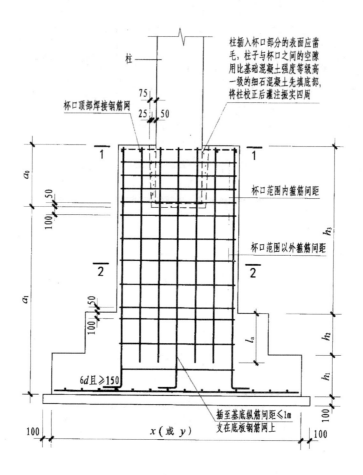

柱

柱插入杯口部分的表面应凿毛，柱子与杯口之间的空隙用比基础混凝土强度等级高一级的细石混凝土先填底部，将柱校正后灌注振实四周

杯口顶部焊接钢筋网

75
25 50

a_0

100 50

a_1

100 50

6d且≥150

杯口范围内箍筋间距

杯口范围以外箍筋间距

h_3

l_a

h_2

h_1

插至基底纵筋间距≤1m
支在底板钢筋网上

100

x（或 y）

100

100

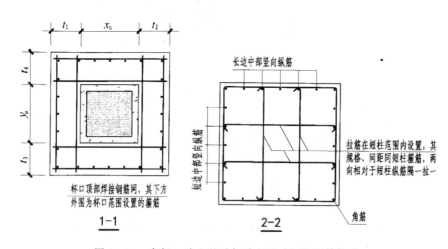

t_1 x_u t_2

t_4

y_u

t_3

杯口顶部焊接钢筋网，其下方外围为杯口范围设置的箍筋

1—1

长边中部竖向纵筋

短边中部竖向纵筋

拉筋在短柱范围内设置，其规格、间距同短柱箍筋，两向相对于短柱纵筋隔一拉一

角筋

2—2

图 1-30 高杯口独立基础杯壁和基础短柱配筋构造

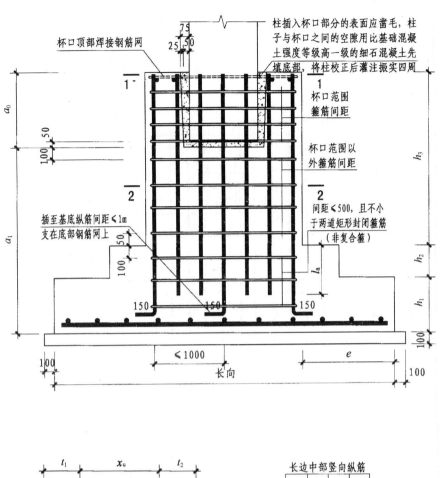

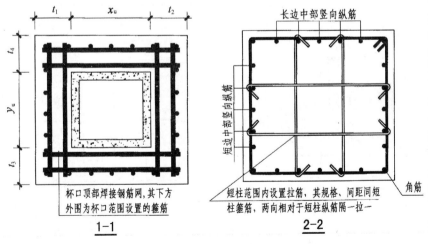

图 1-31 高杯口独立基础钢筋排布构造

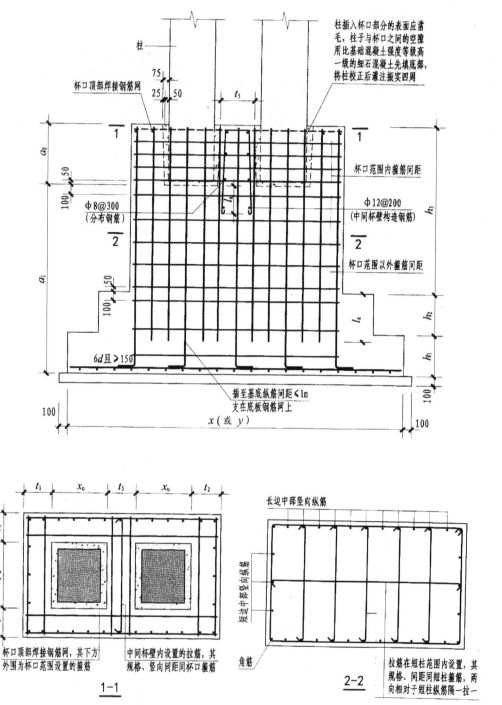

柱

柱插入杯口部分的表面应凿毛，柱子与杯口之间的空隙用比基础混凝土强度等级高一级的细石混凝土先填底部，将柱校正后灌注振实四周

杯口顶部焊接钢筋网

75
25 50

t_5

a_0

50
100

Φ8@300
（分布钢筋）

杯口范围内箍筋间距

Φ12@200
（中间杯壁构造钢筋）

h_3

a_1

50
100

杯口范围以外箍筋间距

l_a

h_2

6d且≥150

h_1

100

插至基底纵筋间距≤1m
支在底板钢筋网上

100

x（或 y）

100

t_1 x_u t_5 x_u t_2

t_4

y_u

t_3

杯口顶部焊接钢筋网，其下方外围为杯口范围设置的箍筋

中间杯壁内设置的拉筋，其规格、竖向间距同杯口箍筋

1—1

长边中部竖向纵筋

短边中部竖向纵筋

角筋

拉筋在短柱范围内设置，其规格、间距同短柱箍筋，两向相对于短柱纵筋隔一拉一

2—2

图1-32　高双杯口独立基础杯壁和基础短柱配筋构造

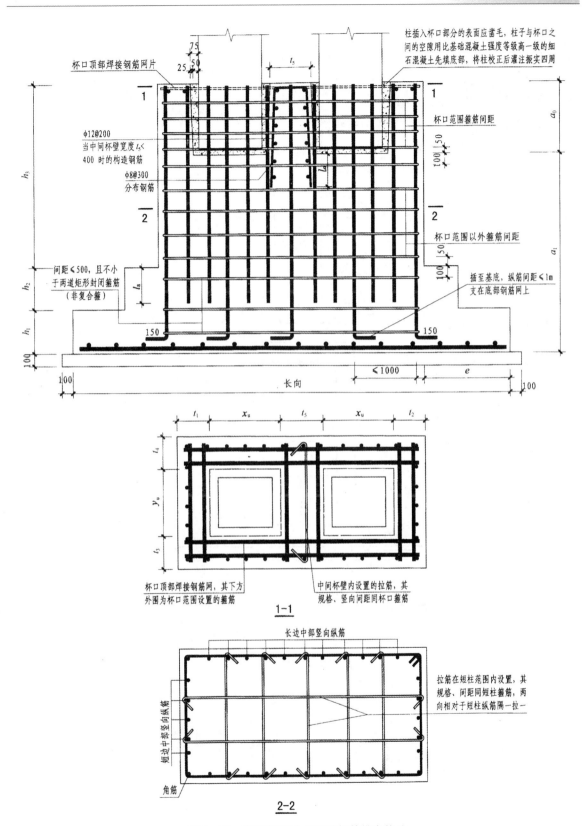

图 1-33 高双杯口独立基础钢筋排布构造

1）高杯口双柱独立基础底板的截面形状可以为阶形截面 BJ₁ 或坡形截面 BJₚ。当为坡形截面且坡度较大时，应在坡面上安装顶部模板，以确保混凝土能够浇筑成型、振捣密实。

2）当双杯口的中间壁宽度 $t_5 < 400\text{mm}$ 时，才设置中间杯壁构造钢筋。

◆普通独立深基础短柱配筋构造

（1）单柱普通独立深基础短柱配筋构造

单柱普通独立深基础短柱配筋构造如图 1-34 所示，钢筋排布构造如图 1-35 所示。

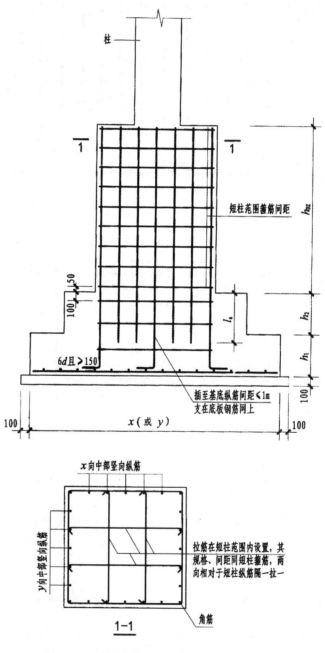

图 1-34 单柱普通独立深基础短柱配筋构造

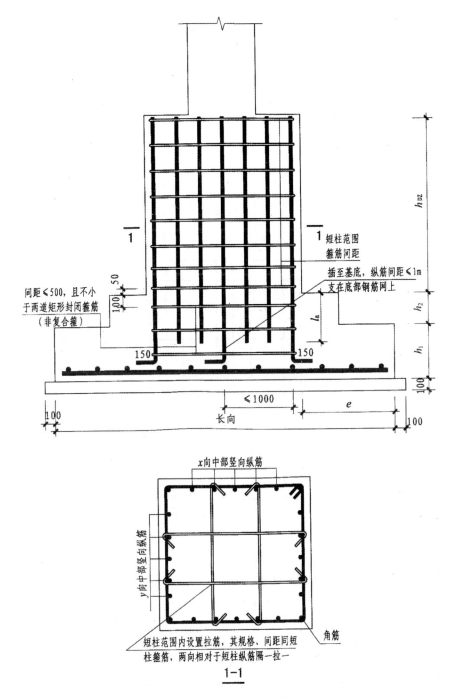

图 1-35 单柱独立深基础钢筋排布构造

1）单柱普通独立深基础底板的截面形式可为阶行截面 BJ_J 或坡形截面 BJ_P。当为坡形截面且坡度较大时，应在坡面上安装顶部模板，以确保混凝土能够浇筑成型、振捣密实。

2）短柱角部纵筋和部分中间纵筋插至基底纵筋间距≤1m 支在底板钢筋网上，其余中间的纵筋不插至基底，仅锚入基础 l_a。

3）短柱箍筋在基础顶面以上 50mm 处开始布置；短柱在基础内部的箍筋在基础顶面以下

100mm 处开始布置。

4）短柱范围内设置拉筋，其规格、间距同短柱箍筋，两向相对于短柱纵筋隔一拉一。如图 1－35 中"1—1"断面图所示。

5）几何尺寸和配筋按具体结构设计和图 1－34 构造确定。

（2）双柱普通独立深基础短柱配筋构造

双柱普通独立深基础短柱配筋构造如图 1－36 所示，钢筋排布构造如图 1－37 所示。

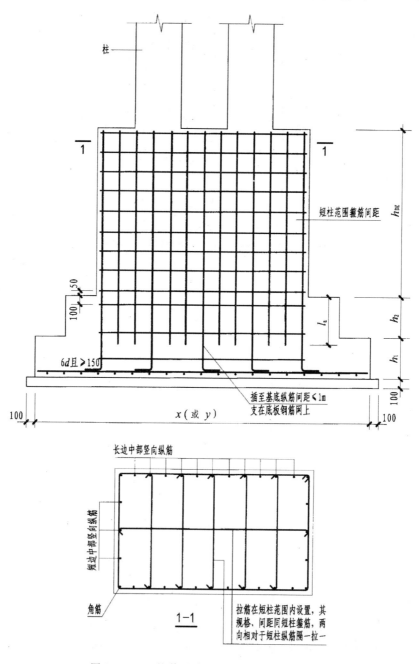

图 1－36　双柱普通独立深基础短柱配筋构造

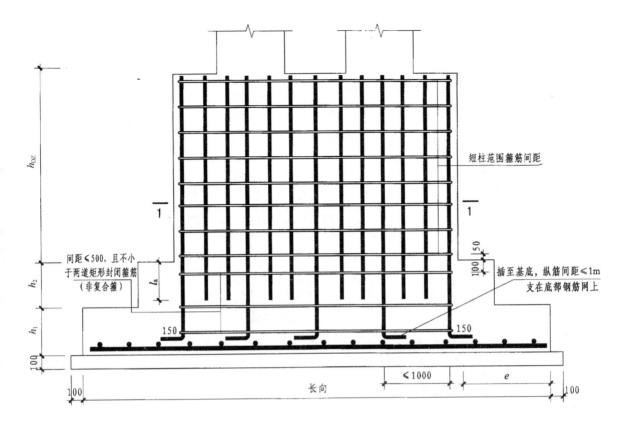

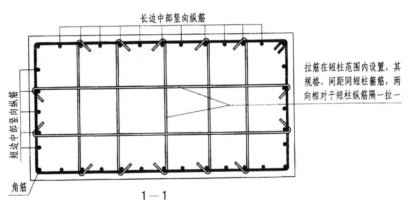

图 1-37 双柱独立深基础钢筋排布构造

1）双柱普通独立深基础底板的截面形式可为阶行截面 BJ$_J$ 或坡形截面 BJ$_P$。当为坡形截面且坡度较大时，应在坡面上安装顶部模板，以确保混凝土能够浇筑成型、振捣密实。

2）短柱角部纵筋和部分中间纵筋插至基底纵筋间距≤1m 支在底板钢筋网上，其余中间的纵筋不插至基底，仅锚入基础 l$_a$。

3）短柱箍筋在基础顶面以上 50mm 处开始布置；短柱在基础内部的箍筋在基础顶面以下 100mm 处开始布置。

4）如图 1-37 中"1—1"断面图所示，拉筋在短柱范围内设置，其规格、间距同短柱箍筋，两向相对于短柱纵筋隔一拉一。

5）几何尺寸和配筋按具体结构设计和图 1-36 构造确定。

【实　　例】

【例 1-5】 某建筑独立基础钢筋构造识图

某建筑独立基础平法施工图如图 1-38 所示。

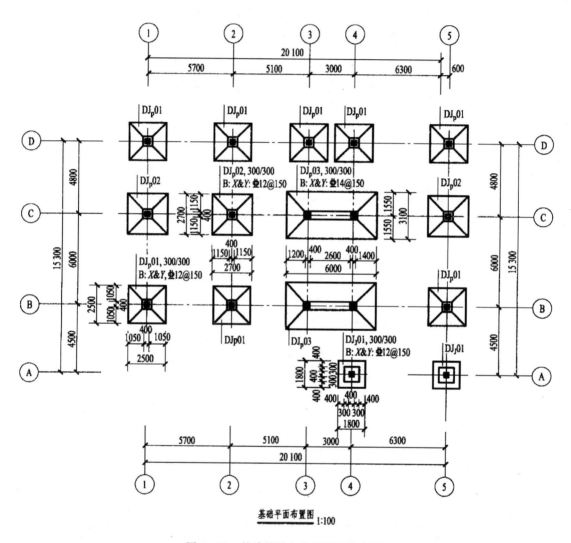

图 1-38　某建筑独立基础平法施工图

从图中可以了解以下内容：

1）该建筑基础为普通独立基础，坡形截面普通独立基础有三种编号，分别为 DJ$_P$01、DJ$_P$02、DJ$_P$03；阶形截面普通独立基础有一种编号，为 DJ$_J$01。每种编号的基础选择了其中一个进行集中标注和原位标注。

2）以 DJ$_P$01 为例进行识读。从标注中可以看出该基础平面尺寸为 2500mm×2500mm，竖向尺寸第一阶为 300mm，第二阶尺寸为 300mm，基础底板总厚度为 600mm。柱子截面尺寸为 400mm×400mm。基础底板双向均配置直径 12mm 的 HRB400 级钢筋，分布间距均为 150mm。各轴线编号以及定位轴线间距，图中都已标出。

1.3　条形基础平法识图

常遇问题
1. 基础梁的平面注写方式包括哪些内容？
2. 条形基础底板的平面注写方式包括哪些内容？
3. 条形基础的截面注写方式包括哪些内容

【识图方法】

◆**基础梁的平面注写方式**

基础梁的平面注写方式分为集中标注和原位标注两部分内容。

（1）集中标注

基础梁的集中标注内容包括基础梁编号、截面尺寸、配筋三项必注内容，以及基础梁底面标高（与基础底面基准标高不同时）和必要的文字注解两项选注内容。

1）基础梁编号（必注）。基础梁编号，见表 1-4。

表 1-4　　　　　　　　　　　条形基础梁及底板编号

类　型		代　号	序　号	跨数及有无外伸
基础梁		JL	××	（××）端部无外伸
条形基础底板	阶形	TJB$_J$	××	（××A）一端有外伸
	坡形	TJB$_P$	××	（××B）两端有外伸

注　条形基础通常采用坡形截面或单阶形截面。

2）基础梁截面尺寸（必注）。基础梁截面尺寸注写方式为"$b×h$"，表示梁截面宽度与高度。当为加腋梁时，注写方式为"$b×h\,Yc_1×c_2$"，其中 c_1 为腋长，c_2 为腋高。

3）基础梁配筋（必注）

①基础梁箍筋

a. 当具体设计仅采用一种箍筋间距时，注写钢筋级别、直径、间距与肢数（箍筋肢数写在括号内，下同）。

b. 当具体设计采用两种箍筋时，用"／"分隔不同箍筋，按照从基础梁两端向跨中的顺序注写。先注写第 1 段箍筋（在前面加注箍筋道数），在斜线后再注写第 2 段箍筋（不再加注箍筋道数）。

②基础梁底部、顶部及侧面纵向钢筋

a. 以 B 打头，注写梁底部贯通纵筋（不应少于梁底部受力钢筋总截面面积的 1/3）。当跨中所注根数少于箍筋肢数时，需要在跨中增设梁底部架立筋以固定箍筋，采用"＋"将贯通纵筋与架立筋相连，架立筋注写在加号后面的括号内。

　　b. 以 T 打头，注写梁顶部贯通纵筋。注写时用分号";"将底部与顶部贯通纵筋分隔开，如有个别跨与其不同者按"基础梁原位标注"的规定处理。

　　c. 当梁底部或顶部贯通纵筋多于一排时，用"/"将各排纵筋自上而下分开。

　　注：1. 基础梁的底部贯通纵筋，可在跨中 1/3 净跨长度范围内采用搭接连接、机械连接或焊接。

　　2. 基础梁的顶部贯通纵筋，可在距柱根 1/4 净跨长度范围内采用搭接连接，或在柱根附近采用机械连接或焊接，且应严格控制接头百分率。

　　d. 以大写字母 G 打头注写梁两侧面对称设置的纵向构造钢筋的总配筋值（当梁腹板净高 h_w 不小于 450mm 时，根据需要配置）。

　　4）基础梁底面标高（选注）。当条形基础的底面标高与基础底面基准标高不同时，将条形基础底面标高注写在"（ ）"内。

　　5）必要的文字注解（选注）。当基础梁的设计有特殊要求时，宜增加必要的文字注解。

　　（2）原位标注

　　基础梁 JL 的原位标注注写方式如下：

　　1）原位标注基础梁端或梁在柱下区域的底部全部纵筋（包括底部非贯通纵筋和已集中注写的底部贯通纵筋）

　　①当梁端或梁在柱下区域的底部纵筋多于一排时，用"/"将各排纵筋自上而下分开。

　　②当同排纵筋有两种直径时，用"+"将两种直径的纵筋相联。

　　③当梁中间支座或梁在柱下区域两边的底部纵筋配置不同时，需在支座两边分别标注；当梁中间支座两边的底部纵筋相同时，可仅在支座的一边标注。

　　④当梁端（柱下）区域的底部全部纵筋与集中注写过的底部贯通纵筋相同时，可不再重复做原位标注。

　　设计时应注意：当对底部一平（"柱下两边的梁底部在同一个平面上"的缩略词）的梁支座（柱下）两边的底部非贯通纵筋采用不同配筋值时，应按较小一边的配筋值选配相同直径的纵筋贯穿支座，再将较大一边的配筋差值选配适当直径的钢筋锚入支座，避免造成支座两边大部分钢筋直径不相同的不合理配置结果。

　　施工及预算方面应注意：当底部贯通纵筋经原位注写修正，出现两种不同配置的底部贯通纵筋时，应在毗邻跨中配置较小一跨的跨中连接区域进行连接（配置较大一跨底部贯通纵筋需伸出至毗邻跨的跨中连接区域。具体位置见标注构造详图）。

　　2）原位注写基础梁的附加箍筋或（反扣）吊筋。当两向基础梁十字交叉，但交叉位置无柱时，应根据抗力需要设置附加箍筋或（反扣）吊筋。

　　将附加箍筋或（反扣）吊筋直接画在平面图十字交叉梁中刚度较大的条形基础主梁上，原位直接引注总配筋值（附加箍筋的肢数注在括号内）。当多数附加箍筋或（反扣）吊筋相同时，可在条形基础平法施工图上统一注明。少数与统一注明值不同时，再原位直接引注。

　　施工时应注意：附加箍筋或（反扣）吊筋的几何尺寸应按照标准构造详图，结合其所在位置的主梁和次梁的截面尺寸确定。

　　3）原位注写基础梁外伸部位的变截面高度尺寸。当基础梁外伸部位采用变截面高度时，在该部位原位注写 $b \times h_1/h_2$，h_1 为根部截面高度，h_2 为尽端截面高度。

　　4）原位注写修正内容。当在基础梁上集中标注的某项内容（如截面尺寸、箍筋、底部与顶部贯通纵筋或架立筋、梁侧面纵向构造钢筋、梁底面标高等）不适用于某跨或某外伸部位时，将其修正内容原位标注在该跨或该外伸部位，施工时原位标注取值优先。

当在多跨基础梁的集中标注中已注明加腋，而该梁某跨根部不需要加腋时，则应在该跨原位标注无 $Yc_1×c_2$ 的 $b×h_1$ 以修正集中标注中的加腋要求。

◆**条形基础底板的平面注写方式**

条形基础底板 TJB_p、TJB_j 的平面注写方式，分为集中标注和原位标注两部分内容。

（1）集中标注

条形基础底板的集中标注内容包括条形基础底板编号、截面竖向尺寸、配筋三项必注内容，以及条形基础底板底面标高（与基础底面基准标高不同时）和必要的文字注解两项选注内容。

1）条形基础底板编号（必注）。条形基础底板，见表1-4。

2）条形基础底板截面竖向尺寸（必注）

①坡形截面的条形基础底板，注写方式为"h_1/h_2"，见图1-39。

②阶形截面的条形基础底板，注写方式为"$h_1/h_2/……$"，见图1-40。

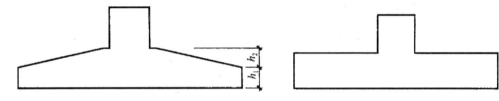

图1-39　条形基础底板坡形截面竖向尺寸　　　图1-40　条形基础底板阶形截面竖向尺寸

3）条形基础底板底部及顶部配筋（必注）

①以 B 打头，注写条形基础底板底部的横向受力钢筋。

②以 T 打头，注写条形基础底板顶部的横向受力钢筋；注写时，用"/"分隔条形基础底板的横向受力钢筋与构造配筋。

4）底板底面标高（选注）。当条形基础底板的底面标高与条形基础底面基准标高不同时，应将条形基础底板底面标高注写在"（　）"内。

5）必要的文字注解（选注）。当条形基础底板有特殊要求时，应增加必要的文字注解。

（2）原位注写

1）条形基础底板平面尺寸。原位标注方式为"b、b_i，$i=1$，2，……"。其中，b 为基础底板总宽度，如为基础底板台阶的宽度。当基础底板采用对称于基础梁的坡形截面或单阶形截面时，b_i 可不注，如图1-41所示。

素混凝土条形基础底板的原位标注与钢筋混凝土条形基础底板相同。

对于相同编号的条形基础底板，可仅选择一个进行标注。

梁板式条形基础存在双梁共用同一基础底板、墙下条形基础也存在双墙共用同一基础底板的情况，当为双梁或为双墙且梁或墙荷载差别较大时，条形基础两侧可取不同的宽度，实际宽度以原位标注的基础底板两侧非对称的不同台阶宽度 b_i 进行表达。

2）原位注写修正内容。当在条形基础底板上集中标注的某项内容，如底板截面竖向尺寸、底板配筋、底板底面标高等，不适用于条形基础底板的某跨或某外伸部分时，可将其修正内容原位标注在该跨或该外伸部位，施工时原位标注取值优先。

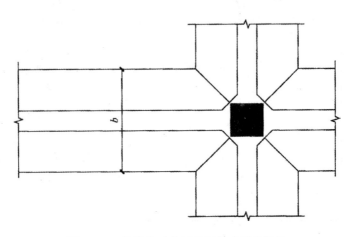

图 1-41 条形基础底板平面尺寸原位标注

◆条形基础的截面注写方式

条形基础的截面注写方式，可分为截面标注和列表注写（结合截面示意图）两种表达方式。采用截面注写方式，应在基础平面布置图上对所有基础进行编号，见表 1-4。

（1）截面标注

对条形基础进行截面标注的内容与形式，与传统"单构件正投影表示方法"基本相同。对于已在基础平面布置图上原位标注清楚的该条形基础梁的水平尺寸，可不在截面图上重复表达，具体表达内容可参照本书中相应的钢筋构造。

（2）列表标注

对多个条形基础可采用列表注写（结合截面示意图）的方式集中表达。表中内容为条形基础截面的几何数据和配筋，截面示意图上应标注与表中栏目相对应的代号。

列表中的具体内容包括：

1）基础梁。基础梁列表中注写栏目包括：

①编号。注写 JL××(××)、JL××(××A) 或 JL××(××B)。

②几何尺寸。梁截面宽度与高度 $b×h$。当为加腋梁时，注写 $b×h$ $Yc_1×c_2$。

③配筋。注写基础梁底部贯通纵筋＋非贯通纵筋，顶部贯通纵筋，箍筋。当设计为两种箍筋时，箍筋注写为：第一种箍筋/第二种箍筋，第一种箍筋为梁端部箍筋，注写内容包括箍筋的箍数、钢筋级别、直径、间距与肢数。

基础梁列表格式见表 1-5。

表 1-5　　　　　　　　　　　　　　基础梁几何尺寸和配筋表

基础梁编号/截面号	截面几何尺寸		配　　筋	
	$b×h$	加腋 $c_1×c_2$	底部贯通纵筋＋非贯通纵筋，顶部贯通纵筋	第一种箍筋/第二种箍筋

注　表中可根据实际情况增加栏目，如增加基础梁地面标高等。

2）条形基础底板。条形基础底板列表集中注写栏目包括：

①编号。坡形截面编号为 $TJB_P \times \times (\times \times)$、$TJB_P \times \times (\times \times A)$ 或 $TJB_P \times \times (\times \times B)$，阶形截面编号为 $TJB_J \times \times (\times \times)$、$TJB_J \times \times (\times \times A)$ 或 $TJB_J \times \times (\times \times B)$。

②几何尺寸。水平尺寸 b、b_i，$i=1$，2，……；竖向尺寸 h_1/h_2。

③配筋。B：$\Phi \times \times @ \times \times \times / \Phi \times \times @ \times \times \times$。

条形基础底板列表格式见表1-6。

表1-6   条形基础底板几何尺寸和配筋表

基础底板编号/截面号	截面几何尺寸			底部配筋（B）	
	b	b_i	h_1/h_2	横向受力钢筋	纵向构造钢筋

注　表中可根据实际情况增加栏目，如增加上部配筋、基础底板底面标高（与基础底板底面标高不一致时）等。

【实　例】

【例1-6】　$9\Phi16@100/\Phi16@200(6)$，表示配置两种HRB400级箍筋，直径为$\Phi16$，从梁两端起向跨内按100mm间距设置9道，梁其余部位的间距为200mm，均为6肢箍。

【例1-7】　B：$4\Phi25$；T：$12\Phi25\ 7/5$，表示梁底部配置贯通纵筋为$4\Phi25$；梁顶部配置贯通纵筋上一排为$7\Phi25$，下一排为$5\Phi25$，共$12\Phi25$。

【例1-8】　$G8\Phi14$，表示梁每个侧面配置纵向构造钢筋$4\Phi14$，共配置$8\Phi14$。

【例1-9】　当条形基础底板为坡形截面 $TJB_P \times \times$，其截面竖向尺寸注写为300/250时，表示 $h_1=300$mm，$h_2=250$mm，基础底板根部总厚度为550mm。

【例1-10】　当条形基础底板为阶形截面 $TJB_J \times \times$，其截面竖向尺寸注写为300mm时，表示 $h_1=300$mm，且为基础底板总厚度。

【例1-11】　当条形基础底板配筋标注为：B：$\Phi14@150/\phi8@250$；表示条形基础底板底部配置HRB400级横向受力钢筋，直径为$\Phi14$，分布间距为150mm；配置HPB300级构造钢筋，直径为$\phi8$，分布间距250mm。见图1-42。

【例1-12】　当为双梁（或双墙）条形基础底板时，除在底板底部配置钢筋外，一般尚需在两根梁或两道墙之间的底板顶部配置钢筋，其中横向受力钢筋的锚固从梁的内边缘（或墙边缘）起算，见图1-43。

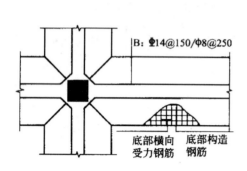

图 1-42 条形基础底板底部配筋

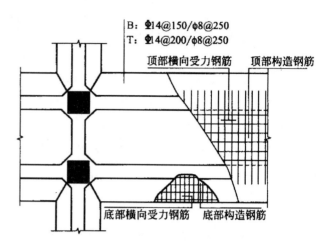

图 1-43 条形基础底板顶部配筋

1.4 条形基础钢筋构造识图

常遇问题

1. 基础梁端部钢筋有哪些构造情况？
2. 基础梁变截面部位钢筋构造是怎样的？
3. 基础梁与柱结构部侧腋钢筋构造是怎样的？
4. 梁式条形基础底板钢筋构造是怎样的？

【识图方法】

◆基础主梁纵向钢筋和箍筋构造

基础主梁纵向钢筋构造要求，如图 1-44 所示。

（1）顶部钢筋

基础主梁纵向钢筋的顶部钢筋在梁顶部应连续贯通；其连接区位于柱轴线 $l_n/4$ 左右的范围，在同一连接区内的接头面积百分率不应大于 50%。

（2）底部钢筋

基础主梁纵向钢筋的底部非贯通纵筋向跨内延伸长度为：自柱轴线算起，左右各 $l_n/3$ 长度值；底部钢筋连接区位于跨中 $\leqslant l_n/3$ 范围，在同一连接区内的接头面积百分率不应当大于 50%。

如两毗邻跨的底部贯通纵筋配置不同，应将配置较大一跨的底部贯通纵筋越过其标注的跨数终点或起点，伸至配置较小的毗邻跨的跨中连接区进行连接。

（3）箍筋

节点区内箍筋按照梁端箍筋设置。梁相互交叉宽度内的箍筋按照截面高度较大的基础梁进行设置。同跨箍筋有两种时，各自设置范围按具体设计注写。

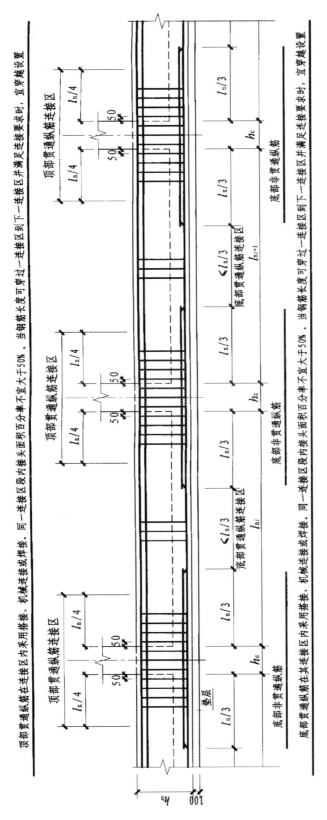

图 1-44 基础梁纵向钢筋与箍筋构造

◆基础梁端部外伸部位钢筋构造

(1) 基础梁端部等截面外伸钢筋构造

基础梁端部等截面外伸钢筋构造如图1-45所示,钢筋排布构造如图1-46所示。

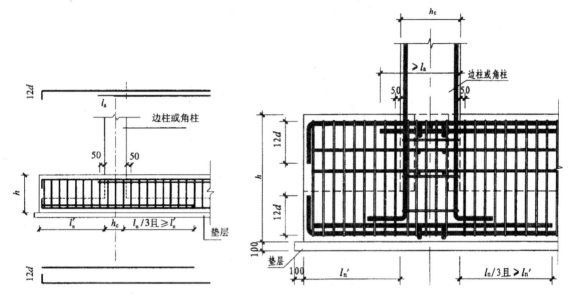

图1-45 基础梁端部等截面外伸钢筋构造　　图1-46 基础梁端部等截面外伸钢筋排布构造

1) 梁顶部上排贯通纵筋伸至尽端内侧弯折12d;顶部下排贯通纵筋不伸入外伸部位,从柱内侧起外伸l_a。

2) 梁底部上排非贯通纵筋伸至端部截断;底部下排非贯通纵筋伸至尽端内侧弯折12d,从支座中心线向跨内的延伸长度为$l_n/3+h_c/2$。

3) 梁底部贯通纵筋伸至尽端内侧弯折12d。

注:当$l_n'+h_c \leqslant l_a$时,基础梁下部钢筋伸至端部后弯折,且从柱内边算起水平段长度$\geqslant 0.4l_a$,弯折段长度15d。

(2) 基础梁端部变截面外伸钢筋构造　基础梁端部变截面外伸构造如图1-47所示,钢筋排布构造如图1-48所示。

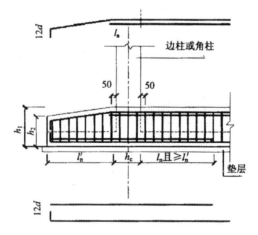

图1-47 基础梁端部变截面外伸构造

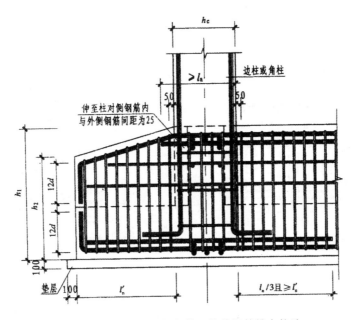

图 1-48 基础梁端部变截面外伸钢筋排布构造

1）梁顶部上排贯通纵筋伸至尽端内侧弯折 $12d$；顶部下排贯通纵筋不伸入外伸部位，从柱内侧起 l_a。

2）梁底部上排非贯通纵筋伸至端部截断；底部下排非贯通纵筋伸至尽端内侧弯折 $12d$，从支座中心线向跨内的延伸长度为 $l_n/3+h_c/2$。

3）梁底部贯通纵筋伸至尽端内侧弯折 $12d$。

注：当 $l_n'+h_c \leqslant l_a$ 时，基础梁下部钢筋伸至端部后弯折，且从柱内边算起水平段长度 $\geqslant 0.4l_a$，弯折段长度 $15d$。

（3）基础梁端部无外伸钢筋构造

基础梁端部无外伸构造如图 1-49 所示，钢筋排布构造如图 1-50 所示。

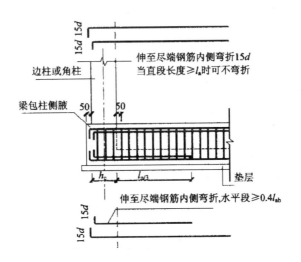

图 1-49 基础梁端部无外伸构造

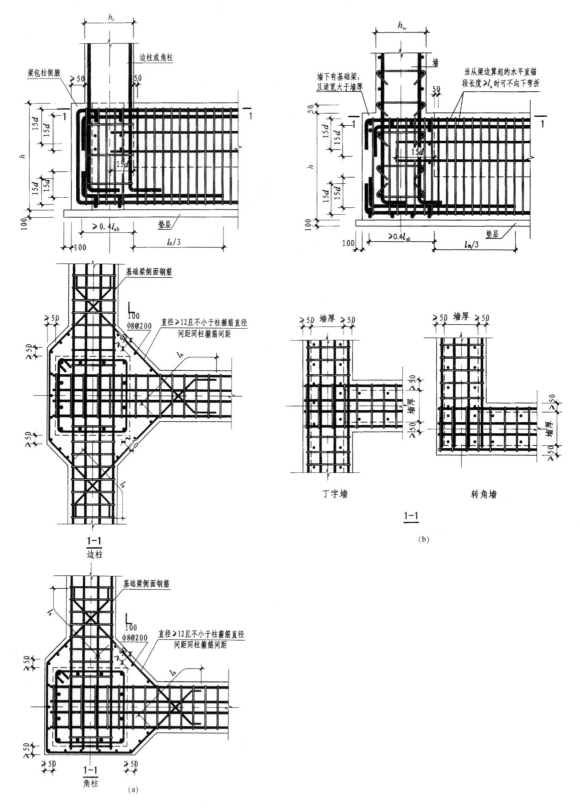

图 1-50　端部无外伸钢筋排布构造

（a）构造一；（b）构造二

1）端部无外伸构造中基础梁底部与顶部纵筋应成对连通设置（可采用通长钢筋，或将底部与顶部钢筋焊接连接后弯折成型）。成对连通后顶部和底部多出的钢筋构造如下：

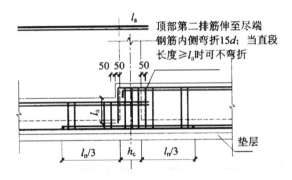

2）基础梁侧面钢筋如果设计标明为抗扭钢筋时，自柱边开始伸入支座的锚固长度不小于 l_a，当直锚长度不够时，可向上弯折。

3）节点区域内箍筋设置同梁端箍筋设置。

◆**基础梁变截面部位钢筋构造**

（1）梁顶有高差

梁顶有高差构造如图 1-51 所示，钢筋排布构造如图 1-52 所示。

图 1-51　梁顶有高差钢筋构造

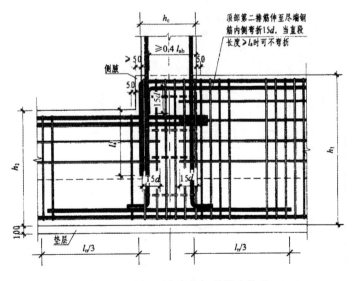

图 1-52　梁顶有高差钢筋排布构造

1）梁底钢筋构造如图 1-44 所示；底部非贯通纵筋两向自柱边起，各自向跨内的延伸长度为 $l_n/3$，其中 l_n 为相邻两跨净跨之较大者。

2）梁顶较低一侧上部钢筋直锚。

3）梁顶较高一侧第一排钢筋伸至尽端向下弯折，距较低梁顶面 l_a 截断；顶部第二排钢筋伸至尽端钢筋内侧向下弯折 $15d$，当直锚长度足够时可直锚。

（2）梁底有高差

梁底有高差构造如图 1-53 所示，钢筋排布构造如图 1-54 所示。

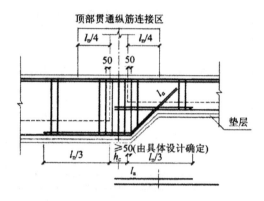

图 1-53　梁底有高差构造

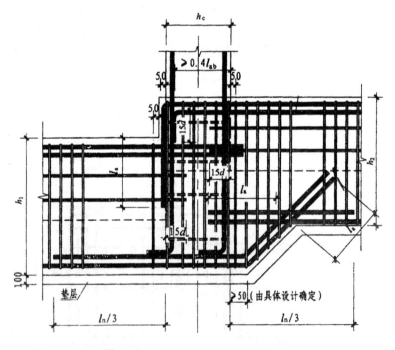

图 1-54　梁底有高差钢筋排布构造

1）梁顶钢筋构造如图 1-44 所示。

2）阴角部位注意避免内折角。梁底较高一侧下部钢筋直锚；梁底较低一侧钢筋伸至尽端弯折，注意直锚长度的起算位置（构件边缘阴角角点处）。

综上所述，钢筋构造做法与框架梁相对应的情况基本相同，值得注意的有两点：一是在梁柱交接范围内，框架梁不配置箍筋，而基础梁需要配置箍筋；二是基础梁纵筋如需接头，上部纵筋在柱两侧 $l_n/4$ 范围内，下部纵筋在梁跨中范围 $l_n/3$ 内。

（3）梁顶、梁底均有高差

梁顶、梁底均有高差钢筋构造如图 1-55 所示，钢筋排布构造如图 1-56 所示。

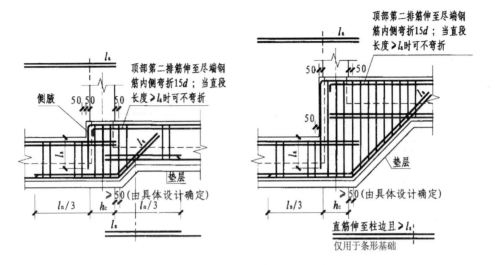

图 1-55 梁顶、梁底均有高差钢筋构造

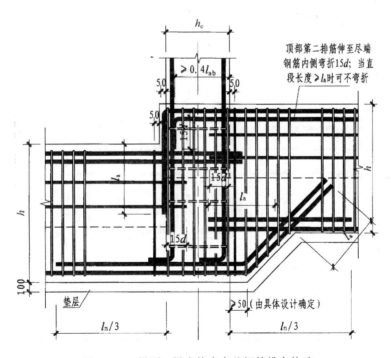

图 1-56 梁顶、梁底均有高差钢筋排布构造

1）梁底面标高高的梁顶部第一排纵筋伸至尽端，弯折长度自梁底面标高低的梁顶部算起 l_a，顶部第二排纵筋伸至尽端钢筋内侧，弯折长度为 $15d$，当直锚长度 $\geq l_a$ 时可不弯折，梁底面标高

低的梁顶部纵筋锚入长度为 l_a。

2）梁底面标高高的梁底部钢筋锚入梁内长度为 l_a；梁底面标高低的底部钢筋斜伸至梁底面标高高的梁内，锚固长度为 l_a。

（4）柱两边基础梁宽度不同时钢筋构造

柱两边梁宽不同钢筋构造如图 1-57 所示，钢筋排布构造如图 1-58 所示。

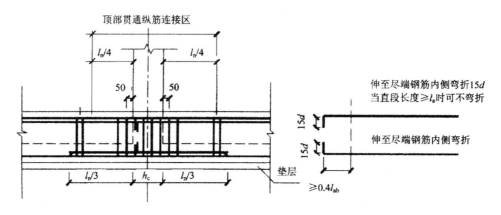

图 1-57 柱两边梁宽不同钢筋构造

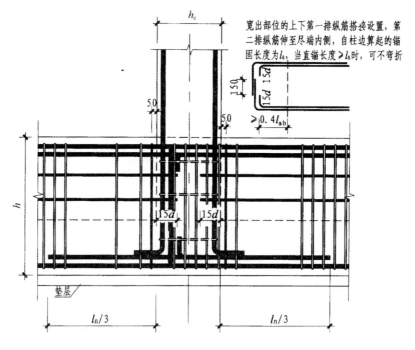

图 1-58 柱两边基础梁宽度不同时钢筋排布构造

1）非宽出部位，柱子两侧底部、顶部钢筋构造如图 1-44 所示。

2）宽出部位的顶部及底部钢筋伸至尽端钢筋内侧，分别向上、向下弯折 $15d$，从柱一侧边起，伸入的水平段长度不小于 $0.4l_{ab}$，当直锚长度足够时，可以直锚，不弯折；当梁截面尺寸相同，但柱两侧梁截面布筋根数不同时，一侧多出的钢筋也应照此构造做。

◆基础梁与柱结合部侧腋钢筋构造

基础梁与柱结合部侧腋构造如图1-59所示，钢筋排布构造如图1-60所示。

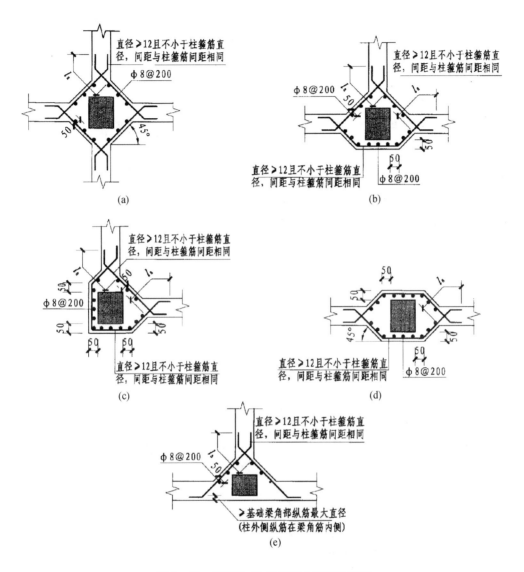

图1-59 基础梁JL与柱结合部侧腋构造

(a) 十字交叉基础梁与柱结合部侧腋构造；(b) 丁字交叉基础梁与柱结合部侧腋构造；
(c) 无外伸基础梁与柱结合部侧腋构造；(d) 基础梁中心穿柱侧腋构造；
(e) 基础梁偏心穿柱与柱结合部侧腋构造

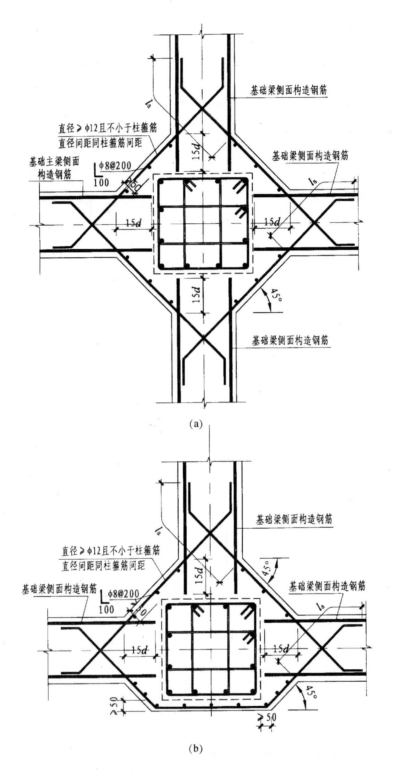

图 1-60　基础主梁与柱结合部侧腋钢筋排布构造
（a）十字交叉基础主梁与柱结合部侧腋钢筋排布构造；
（b）丁字交叉基础主梁与柱结合部侧腋钢筋排布构造

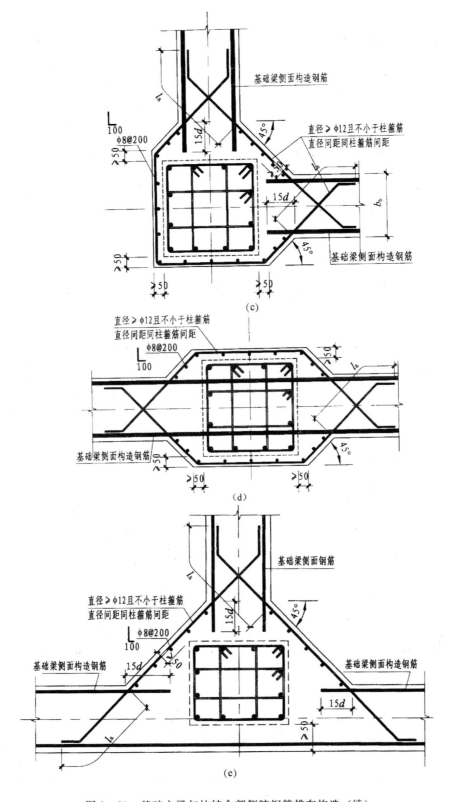

图1-60 基础主梁与柱结合部侧腋钢筋排布构造（续）
（c）无外伸主梁与角柱结合部位钢筋排布构造；（d）基础主梁中心穿柱与柱结合部位钢筋排布构造；
（e）基础主梁偏心穿柱与柱结合部位钢筋排布构造

1）基础梁与柱结合部侧加腋筋，由加腋筋及其分布筋组成，均不需要在施工图上标注，按图集上构造规定即可；加腋筋规格≥φ12且不小于柱箍筋直径，间距同柱箍筋间距；加腋筋长度为侧腋边长加两端 l_a；分布筋规格为 8φ200。

2）当柱与基础梁结合部位的梁顶面高度不同时，梁包柱侧腋顶面应与较高基础梁的梁面一平（在同一平面上），侧腋顶面至较低梁顶面高差内的侧腋，可参照角柱或丁字交叉基础梁包柱侧腋构造进行施工。

◆梁式条形基础底板钢筋构造

（1）十字交叉条形基础底板钢筋构造

十字交叉基础底板配筋构造如图 1-61 所示，钢筋排布构造如图 1-62 所示。

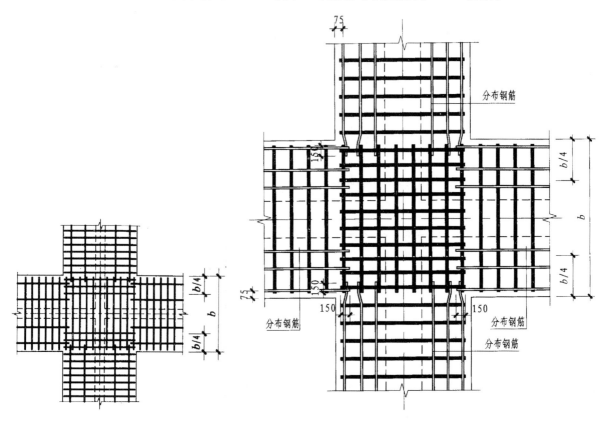

图 1-61　十字交叉基础底板配筋构造　　　　图 1-62　十字交叉条形基础底板钢筋排布构造

1）十字交叉时，一向受力筋贯通布置，另一向受力筋在交接处伸入 $b/4$ 范围布置。

2）配置较大的受力筋贯通布置。

3）分布筋在梁宽范围内不布置。

（2）丁字交叉条形基础底板钢筋构造

丁字交叉基础底板配筋构造如图 1-63 所示，钢筋排布构造如图 1-64 所示。

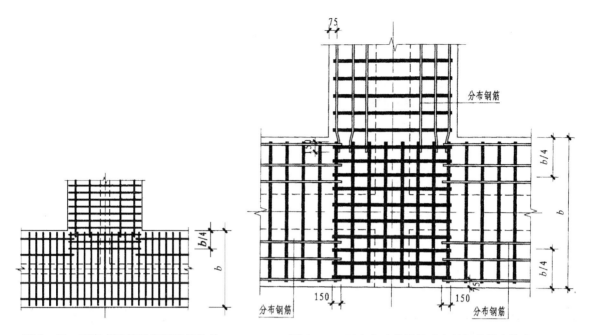

图 1-63　丁字交叉基础底板配筋构造　　　　图 1-64　丁字交叉条形基础底板钢筋排布构造

1）丁字交叉时，丁字横向受力筋贯通布置，丁字竖向受力筋在交接处伸入 $b/4$ 范围布置。

2）分布筋在梁宽范围内不布置。

（3）转角梁板均纵向延伸时底板钢筋构造

转角梁板端部均有纵向延伸构造如图 1-65 所示，钢筋排布构造如图 1-66 所示。

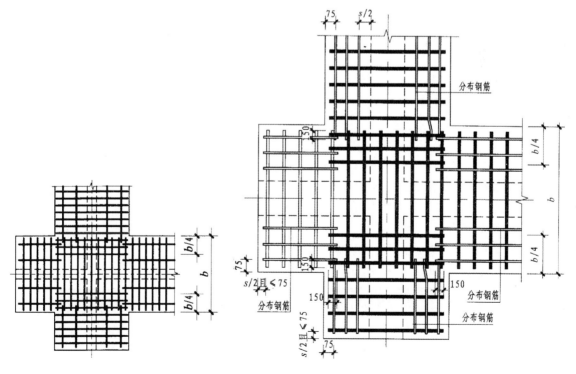

图 1-65　转角梁板端部均有纵向延伸构造　　　图 1-66　转角处基础梁板均纵向延伸时底板钢筋排布构造

1）一向受力钢筋贯通布置。

2）另一向受力钢筋在交接处伸出 $b/4$ 范围内布置。

3）网状部位受力筋与另一向分布筋搭接为 150mm。

4）分布筋在梁宽范围内不布置。

（4）转角梁板均无纵向延伸时底板钢筋构造

转角梁板端部无纵向延伸构造如图 1-67 所示，钢筋排布构造如图 1-68 所示。

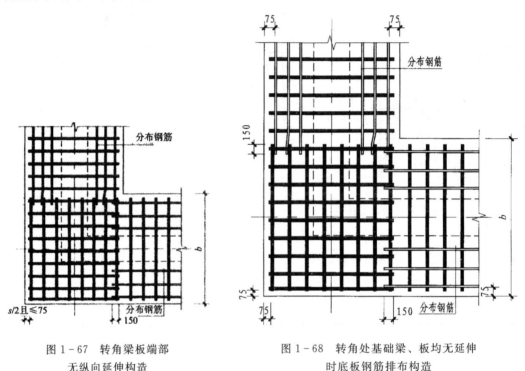

图 1-67　转角梁板端部
无纵向延伸构造

图 1-68　转角处基础梁、板均无延伸
时底板钢筋排布构造

1）条形基础底板钢筋起步距离可取 $s/2$（s 为钢筋间距）。

2）有两向受力钢筋交接处的网状部位，分布钢筋与同向受力钢筋的构造搭接长度为 150mm。

【实　例】

【例 1-13】　某建筑条形基础钢筋构造识图。

某建筑条形基础平法施工图如图 1-69 所示。

从图中可以了解以下内容：

1）该建筑的基础为梁板式条形基础。

2）基础梁有五种编号，分别为 JL01、JL02、JL03、JL04、JL05。下面以 JL01 为例进行识读。从集中标注中可看出，该梁为两跨两端有外伸，截面尺寸为 800mm×1200mm。箍筋为直径 10mm 的 HPB300 钢筋，间距为 200mm，四肢箍。梁底部配置的贯通纵筋为 4 根直径 25mm 的 HRB400 级钢筋，梁顶部配置的贯通纵筋为 2 根直径 20mm 的和 6 根直径 18mm 的 HRB400 级钢筋。梁的侧面共配置 6 根直径为 18mm 的 HRB400 级抗扭钢筋，每侧配置 3 根，抗扭钢筋的拉筋为直径 8mm 的 HPB300 级钢筋，间距为 400mm。从原位标注中可看出，在

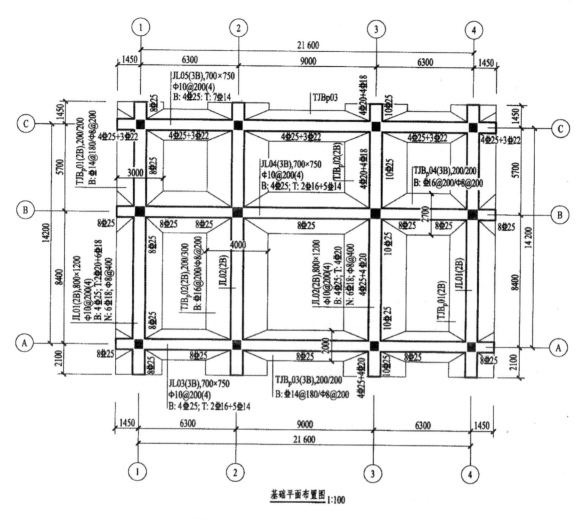

图 1-69　某建筑条形基础平法施工图

Ⓐ、Ⓑ轴线之间的一跨，梁底部支座两侧（包括外伸部位）均配置 8 根直径 25mm 的 HRB400级钢筋，其中 4 根为集中标注中注写的贯通纵筋，另外 4 根为非贯通纵筋。在Ⓑ、Ⓒ轴线之间的一跨，梁底部通长配置了 8 根直径为 25mm 的 HRB400 级钢筋（包括集中标注中注写的 4 根贯通纵筋）。

　　3）基础底板有四种编号，分别为 TJB$_p$01、TJB$_p$02、TJB$_p$03、TJB$_p$04。下面以 TJB$_p$01 为例进行识读。该条形基础底板为坡形底板，两跨两端有外伸。底板底部竖直高度为 200mm，坡形部分高度为 200mm，基础底板总厚度为 400mm。基础底板底部横向受力筋为直径 14mm 的 HRB400 级钢筋，间距为 180mm；底部构造筋为直径 8mm 的 HPB300 级钢筋，间距为 200mm。基础底板宽度为 3000mm，以轴线对称布置。各轴线间的尺寸，基础外伸部位的尺寸，图中都已标出。

1.5 梁板式筏形基础平法识图

【识图方法】

◆**基础主梁与基础次梁的平面注写方式**

（1）集中标注

基础主梁 JL 与基础次梁 JCL 的集中标注内容包括基础梁编号、截面尺寸、配筋三项必注内容，以及基础梁底面标高高差（相对与筏形基础平板底面标高）一项选注内容。

1）基础梁编号。梁板式筏形基础构件的编号，见表 1-7。

表 1-7 梁板式筏形基础构件编号

构件类型	代 号	序 号	跨数及有无外伸
基础主梁（柱下）	JL	××	（××）或（××A）或（××B）
基础次梁	JCL	××	（××）或（××A）或（××B）
梁板筏基础平板	LPB	××	

注 1. （××A）为一端有外伸，（××B）为两端有外伸，外伸不计入跨数。
   2. 梁板式筏形基础平板跨数及是否有外伸分别在 X、Y 两向的贯通纵筋之后表达。图面从左至右为 X 向，从下至上为 Y 向。
   3. 梁板式筏形基础主梁与条形基础梁编号与钢筋构造详图一致。

2）截面尺寸。注写方式为"$b \times h$"，表示梁截面宽度和高度，当为加腋梁时，注写方式为"$b \times h\, Yc_1 \times c_2$"，其中，$c_1$ 为腋长，c_2 为腋高。

3）配筋。

①基础梁箍筋。

a. 当采用一种箍筋间距时，注写钢筋级别、直径、间距与肢数（写在括号内）。

b. 当采用两种箍筋时，用"/"分隔不同箍筋，按照从基础梁两端向跨中的顺序注写。先注写第 1 段箍筋（在前面加注箍数），在斜线后再注写第 2 段箍筋（不再加注箍数）。

②基础梁的底部、顶部及侧面纵向钢筋。

a. 以 B 打头，先注写梁底部贯通纵筋（不应少于底部受力钢筋总截面面积的 1/3）。当跨中所注根数少于箍筋肢数时，需要在跨中加设架立筋以固定箍筋，注写时，用加号"＋"将贯通纵筋与架立筋相联，架立筋注写在加号后面的括号内。

b. 以 T 打头，注写梁顶部贯通纵筋值。注写时用分号";"将底部与顶部纵筋分隔开。

c. 当梁底部或顶部贯通纵筋多于一排时，用斜线"/"将各排纵筋自上而下分开。

注：1. 基础主梁与基础次梁的底部贯通纵筋，可在跨中 1/3 净跨长度范围内采用搭接连接、机械连接或焊接；

2. 基础主梁与基础次梁的顶部贯通纵筋，可在距支座 1/4 净跨长度范围内采用搭接连接，或在支座附近采用机械连接或焊接（均应严格控制接头百分率）。

d. 以大写字母"G"打头，注写梁两侧面设置的纵向构造钢筋有总配筋值（当梁腹板高度 h_w 不小于 450mm 时，根据需要配置）。

当需要配置抗扭纵向钢筋时，梁两个侧面设置的抗扭纵向钢筋以 N 打头。

注：1. 当为梁侧面构造钢筋时，其搭接与锚固长度可取为 $15d$。

2. 当为梁侧面受扭纵向钢筋时，其锚固长度为 l_a，搭接长度为 l_l；其锚固方式同基础梁上部纵筋。

4）基础梁底面标高高差。基础梁底面标高高差系指相对于筏形基础平板底面标高的高差值。

有高差时需将高差写入括号内（如"高板位"与"中板位"基础梁的底面与基础平板地面标高的高差值）。

无高差时不注（如"低板位"筏形基础的基础梁）。

（2）原位标注

原位标注包括以下内容：

1）梁端（支座）区域的底部全部纵筋。梁端（支座）区域的底部全部纵筋，系包括已经集中注写过的贯通纵筋在内的所有纵筋。

①当梁端（支座）区域的底部纵筋多于一排是，用斜线"/"将各排纵筋自上而下分开。

②当同排有两种直径时，用加号"＋"将两种直径的纵筋相连。

③当梁中间支座两边底部纵筋配置不同时，需在支座两边分别标注；当梁中间支座两边的底部纵筋相同时，只仅在支座的一边标注配筋值。

④当梁端（支座）区域的底部全部纵筋与集中注写过的贯通纵筋相同时，可不再重复做原位标注。

⑤加腋梁加腋部位钢筋，需在设置加腋的支座处以 Y 打头注写在括号内。

2）基础梁的附加箍筋或（反扣）吊筋。将基础梁的附加箍筋或（反扣）吊筋直接画在平面图中的主梁上，用线引注总配筋值（附加箍筋的肢数注在括号内）。

当多数附加箍筋或（反扣）吊筋相同时，可在基础梁平法施工图上统一注明，少数与统一注明值不同时，再原位引注。

3）外伸部位的几何尺寸。当基础梁外伸部位变截面高度时，在该部位原位注写 $b \times h_1/h_2$，h_1 为根部截面高度，h_2 为尽端截面高度。

4）修正内容。原则上，基础梁的集中标注的一切内容都可以在原位标注中进行修正，并且根据"原位标注取值优先"的原则，施工时应按原位标注数值取用。

原位标注的方式如下：

当在基础梁上集中标注的某项内容（如梁截面尺寸、箍筋、底部与顶部贯通纵筋或架立筋、梁侧面纵向构造钢筋、梁底面标高高差等）不适用于某跨或某外伸部分时，则将其修正内容原位标注在该跨或该外伸部位，施工时原位标注取值优先。

当在多跨基础梁的集中标注中已注明加腋，而该梁某跨根部不需要加腋时，则应在该跨原位标注等截面的 $b \times h$，以修正集中标注中的加腋信息。

（3）基础主梁标注识图

基础主梁 JL 标注示意如图 1-70 所示。

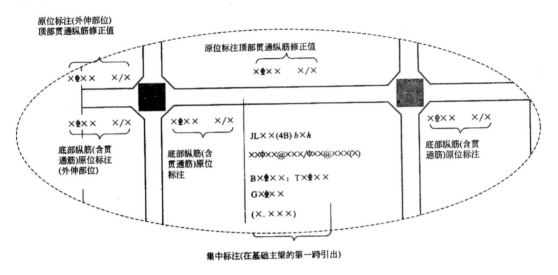

图 1-70　基础主梁 JL 标注图示

（4）基础次梁标注识图

基础次梁 JCL 标注示意如图 1-71 所示。

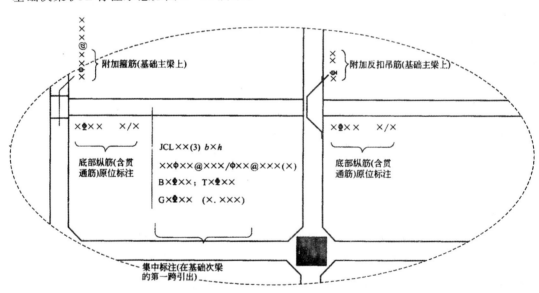

图 1-71　基础次梁 JCL 标注图示

◆梁板式筏形基础平板的平面注写方式

梁板式筏形基础平板 LPB 的平面注写，分板底部与顶部贯通纵筋的集中标注与板底附加非贯通纵筋的原位标注两部分内容。当仅设置贯通纵筋而未设置附加非贯通纵筋时，则仅做集中标注。

（1）板底部与顶部贯通纵筋的集中标注

梁板式筏形基础平板 LPB 的集中标注，应在所表达的板区双向均为第一跨（X 与 Y 双向首跨）的板上引出（图面从左至右为 X 向，从下至上为 Y 向）。

板区划分条件：板厚相同、基础平板底部与顶部贯通纵筋配置相同的区域为同一板区。

集中标注的内容包括：

1）编号。梁板式筏形基础平板编号，见表 1-7。

2）截面尺寸。注写方式为"$h=×××$"，h 表示板厚。

3）基础平板的底部与顶部贯通纵筋及其总长度。先注写 X 向底部（B 打头）贯通纵筋与顶部（T 打头）贯通纵筋及纵向长度范围；再注写 Y 向底部（B 打头）贯通纵筋与顶部（T 打头）贯通纵筋及纵向长度范围（图面从左至右为 X 向，从下至上为 Y 向）。

贯通纵筋的总长度注写在括号中，注写方式为"跨数及有无外伸"，其表达形式为：（××）（无外伸）、（××A）（一端有外伸）或（××B）（两端有外伸）。

注：基础平板的跨数以构成柱网的主轴线为准；两主轴线之间无论有几道辅助轴线（例如框筒结构中混凝土内筒中的多道墙体），均可按一跨考虑。

当贯通纵筋采用两种规格钢筋"隔一布一"方式时，表达为 $xx/yy@×××$，表示直径 ϕxx 的钢筋和直径 yy 的钢筋之间的间距为×××，直径为 xx 的钢筋、直径为 yy 的钢筋间距分别为×××的 2 倍。

（2）板底附加非贯通纵筋的原位标注

1）原位注写位置及内容。板底部原位标注的附加非贯通纵筋，应在配置相同的第一跨表达（当在基础梁悬挑部位单独配置时则在原位表达）。在配置相同跨的第一跨（或基础梁外伸部位），垂直于基础梁，绘制一段中粗虚线（当该筋通长设置在外伸部位或短跨板下部时，应画至对边或贯通短跨），再续线上注写编号（如①、②等）、配筋值、横向布置的跨数及是否布置到外伸部位。

板底部附加非贯通纵筋向两边跨内的伸出长度值注写在线段的下方位置。当该筋向两侧对称伸出时，可仅在一侧标注，另一侧不注；当布置在边梁下时，向基础平板外伸部位一侧的伸出长度与方式按标准构造，设计不注。底部附加非贯通筋相同者，可仅注写一处，其他只注写编号。

横向连续布置的跨数及是否布置到外伸部位，不受集中标注贯通纵筋的板区限制。

原位注写的底部附加非贯通纵筋与集中标注的底部贯通钢筋，宜采用"隔一布一"的方式布置，即基础平板（X 向或 Y 向）底部附加非贯通纵筋与贯通纵筋间隔布置，其标注间距与底部贯通纵筋相同（两者实际组合后的间距为各自标注间距的 1/2）。

2）注写修正内容。当集中标注的某些内容不适用于梁板式筏形基础平板某板区的某一板跨时，应由设计者在该板跨内注明，施工时应按注明内容取用。

3）当若干基础梁下基础平板的底部附加非贯通纵筋配置相同时（其底部、顶部的贯通纵筋可以不同），可仅在一根基础梁下做原位注写，并在其他梁上注明"该梁下基础平板底部附加非贯通纵筋同××基础梁"。

（3）梁板式筏形基础平板标注识图

梁板式筏形基础平板标注识图如图 1-72 所示。

（4）应在图中注明的其他内容

除了上述集中标注与原位标注，还有一些内容，需要在图中注明，包括：

1）当在基础平板周边沿侧面设置纵向构造钢筋时，应在图中注明。

2）应注明基础平板外伸部位的封边方式，当采用 U 形钢筋封边时应注明其规格、直径及间距。

3）当基础平板外伸变截面高度时，应注明外伸部位的 h_1/h_2，h_1 为板根部截面高度，h_2 为

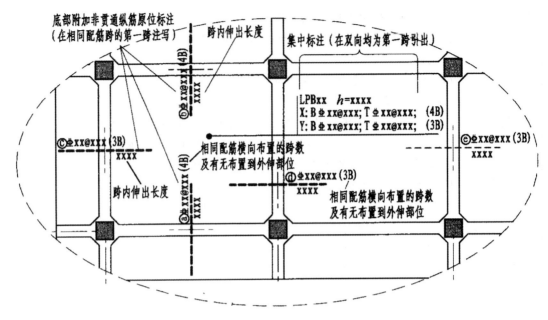

图 1-72 LPB 标注图示

板尽端截面高度。

4）当基础平板厚度大于 2m 时，应注明具体构造要求。

5）当在基础平板外伸阳角部位设置放射筋时，应注明放射筋的强度等级、直径、根数以及设置方式等。

6）当在板的分布范围内采用拉筋时，应注明拉筋的强度等级、直径、双向间距等。

7）应注明混凝土垫层厚度与强度等级。

8）结合基础主梁交叉纵筋的上下关系，当基础平板同一层面的纵筋相交叉时，应注明何向纵筋在下，何向纵筋在上。

9）设计需注明的其他内容。

【实　　例】

【例 1-14】 9φ16@100/φ16@200(6)，表示箍筋为 HPB300 级钢筋，直径为 φ16，从梁端向跨内，间距为 100mm，设置 9 道，其余间距为 200mm，均为六肢箍。

【例 1-15】 B4 Φ 32；T7 Φ 32，表示梁的底部配置 4 Φ 32 的贯通纵筋，梁的顶部配置 7 Φ 32 的贯通纵筋。

梁底部贯通纵筋注写为 B8 Φ 28 3/5，则表示上一排纵筋为 3 Φ 28，下一排纵筋为 5 Φ 28。

【例 1-16】 梁底部贯通纵筋注写为 B8 Φ 28 3/5，则表示上一排纵筋为 3 Φ 28，下一排纵筋为 5 Φ 28。

【例 1-17】 G8 Φ 16，表示梁的两个侧面共配置 8 Φ 16 的纵向构造钢筋，每侧各配置 4 Φ 16。

【例 1-18】 N8 Φ 16，表示梁的两个侧面共配置 8 Φ 16 的纵向抗扭钢筋，沿截面周边均匀对称设置。

【例 1-19】 梁端（支座）区域底部纵筋注写为 10 Φ 25 4/6，则表示上一排纵筋为 4 Φ 25，下一排纵筋为 6 Φ 25。

【例 1-20】 梁端（支座）区域底部纵筋注写为 4 Φ 28＋2 Φ 25，表示一排纵筋由两种不同直径钢筋组合。

【例 1-21】 加腋梁端（支座）处注写为 Y4 Φ 25，表示加腋部位斜纵筋为 4 Φ 25。

【例 1-22】 X：B Φ 22@150；T Φ 20@150；（5B）

Y：B Φ 20@200；T Φ 18@150；（7A）

表示基础平板 X 向底部配置 Φ 22 间距为 150mm 的贯通纵筋，顶部配置 Φ 20 间距为 150mm 的贯通纵筋，纵向总长度为 5 跨两端有外伸；Y 向底部配置 Φ 20 间距为 200mm 的贯通纵筋，顶部配置 Φ 18 间距为 150mm 的贯通纵筋，纵向总长度为 7 跨一端有外伸。

【例 1-23】 Φ 10/12@100 表示贯通纵筋为 Φ 10、Φ 12 隔一布一，彼此之间间距为 100mm。

【例 1-24】 在基础平板第一跨原位注写底部附加非贯通纵筋 Φ 18@300(4A)，表示在第一跨至第四跨板且包括基础梁外伸部位横向配置 Φ 18@300 底部附加非贯通纵筋，伸出长度值略。

【例 1-25】 原位注写的基础平板底部附加非贯通纵筋为⑤ Φ 22@300(3)，该 3 跨范围集中标注的底部贯通纵筋为 B Φ 22@300，在该 3 跨支座处实际横向设置的底部纵筋合计为 Φ 22@150。其他与⑤号筋相同的底部附加非贯通纵筋可仅注标号⑤。

【例 1-26】 原位注写的基础平板底部附加非贯通纵筋为② Φ 25@300(4)，该 4 跨范围集中标注的底部贯通纵筋为 B Φ 22@300，表示该 4 跨支座处实际横向设置的底部纵筋为 Φ 25 和 Φ 22 间隔布置，彼此间距为 150mm。

1.6 平板式筏形基础平法识图

> **常遇问题**
> 1. 柱下板带、跨中板带的平面注写方式包括哪些内容？
> 2. 平板式筏形基础如何进行编号？
> 3. 平板式筏形基础平板的平面注写方式包括哪些内容？

【识图方法】

◆柱下板带、跨中板带的平面注写方式

（1）集中标注

柱下板带与跨中板带的集中标注，主要内容是注写板带底部与顶部贯通纵筋的，应在第一跨（X 向为左端跨，Y 向为下端跨）引出，具体内容包括：

1）编号。柱下板带、跨中板带编号，见表 1-8。

表 1-8　　　　　　　　　　　　平板式筏形基础构件编号

构件类型	代号	序号	跨数及有无外伸
柱下板带	ZXB	××	（××）或（××A）或（××B）
跨中板带	KZB	××	（××）或（××A）或（××B）
平板式筏形基础平板	BPB	××	—

注　1.（××A）为一端有外伸，（××B）为两端有外伸，外伸不计入跨数。

　　2. 平板式筏形基础平板，其跨数及是否有外伸分别在 X、Y 两向的贯通纵筋之后表达。图面从左至右为 X 向，从下至上为 Y 向。

2）截面尺寸。注写方式为"$b=XXXX$"，表示板带宽度（在图注中注明基础平板厚度）。

3）底部与顶部贯通纵筋。注写底部贯通纵筋（B打头）与顶部贯通纵筋（T打头）的规格与间距，用分号"；"将其分隔开。柱下板带的柱下区域，通常在其底部贯通纵筋的间隔内插空设有（原位注写的）底部附加非贯通纵筋。

> 注：1. 柱下板带与跨中板带的底部贯通纵筋，可在跨中1/3净跨长度范围内采用搭接连接、机械连接或焊接；
>
> 2. 柱下板带及跨中板带的顶部贯通纵筋，可在柱网轴线附近1/4净跨长度范围内采用搭接连接、机械连接或焊接。

（2）原位标注

柱下板带与跨中板带的原位标注的主要内容是注写底部附加非贯通纵筋。具体内容包括：

1）注写内容。以一段与板带同向的中粗虚线代表附加非贯通纵筋；柱下板带：贯穿其柱下区域绘制；跨中板带：横贯柱中线绘制。在虚线上注写底部附加非贯通纵筋的编号（如①、②等）、钢筋级别、直径、间距，以及自柱中线分别向两侧跨内的伸出长度值。当向两侧对称伸出时，长度值可仅在一侧标注，另一侧不注。

外伸部位的伸出长度与方式按标准构造，设计不注。对同一板带中底部附加非贯通筋相同者，可仅在一根钢筋上注写，其他可仅在中粗虚线上注写编号。

原位注写的底部附加非贯通纵筋与集中标注的底部贯通纵筋，宜采用"隔一布一"的方式布置，即柱下板带或跨中板带底部附加纵筋与贯通纵筋交错插空布置，其标注间距与底部贯通纵筋相同（两者实际组合后的间距为各自标注间距的1/2）。

当跨中板带在轴线区域不设置底部附加非贯通纵筋时，则不做原位注写。

2）修正内容。当在柱下板带、跨中板带上集中标注的某些内容（如截面尺寸、底部与顶部贯通纵筋等）不适用于某跨或某外伸部分时，则将修正的数值原位标注在该跨或该外伸部位，施工时原位标注取值优先。

> 注：对于支座两边不同配筋值的（经注写修正的）底部贯通纵筋，应按较小一边的配筋值选配相同直径的纵筋贯穿支座，较大一边的配筋差值选配适当直径的钢筋锚入支座，避免造成两边大部分钢筋直径不相同的不合理配置结果。

（3）柱下板带标注识图

柱下板带标注如图1-73所示。

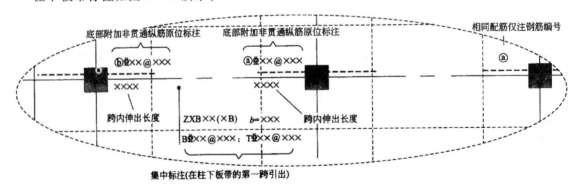

图1-73 柱下板带标注图示

（4）跨中板带标注识图

跨中板带标注示意如图 1-74 所示。

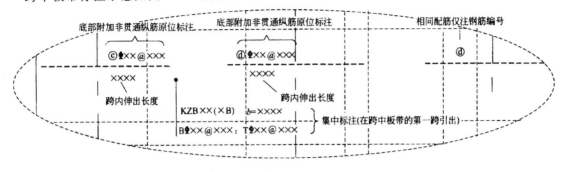

图 1-74 跨中板带标注图示

◆平板式筏形基础平板的平面注写方式

平板式筏形基础平板 BPB 的平面注写，分板底部与顶部贯通纵筋的集中标注与板底部附加非贯通纵筋的两部分内容。当仅设置底部与顶部贯通纵筋而未设置底部附加非贯通纵筋时，则仅做集中标注。

（1）集中标注

平板式筏形基础平板 BPB 的集中标注的主要内容为注写板底部与顶部贯通纵筋。

当某向底部贯通纵筋或顶部贯通纵筋的配置，在跨内有两种不同间距时，先注写跨内两端的第一种间距，并在前面加注纵筋根数（以表示其分布的范围）；再注写跨中部的第二种间距（不需加注根数）；两者用"/"分隔。

（2）原位标注

平板式筏形基础平板 BPB 的原位标注，主要表达横跨柱中心线下的底部附加非贯通纵筋。内容包括：

1）原位注写位置及内容。在配置相同的若干跨的第一跨下，垂直于柱中线绘制一段中粗虚线代表底部附加非贯通纵筋，在虚线上的注写内容与前述内容相同。

当柱中心线下的底部附加非贯通纵筋（与柱中心线正交）沿柱中心线连续若干跨配置相同时，则在该连续跨的第一跨下原位注写，且将同规格配筋连续布置的跨数注在括号内；当有些跨配置不同时，则应分别原位注写。外伸部位的底部附加非贯通纵筋应单独注写（当与跨内某筋相同时仅注写钢筋编号）。

当底部附加非贯通纵筋横向布置在跨内有两种不同间距的底部贯通纵筋区域时，其间距应分别对应为两种，其注写形式应与贯通纵筋保持一致，即先注写跨内两端的第一种间距，并在前面加注纵筋根数；再注写跨中部的第二种间距（不需加注根数）；两者用"/"分隔。

2）当某些柱中心线下的基础平板底部附加非贯通纵筋横向配置相同时（其底部、顶部的贯通纵筋可以不同），可仅在一条中心线下做原位注写，并在其他柱中心线上注明"该柱中心线下基础平板底部附加非贯通纵筋同××柱中心线。

（3）平板式筏型基础平板标注识图

平板式筏型基础平板标注示意如图 1-75 所示。

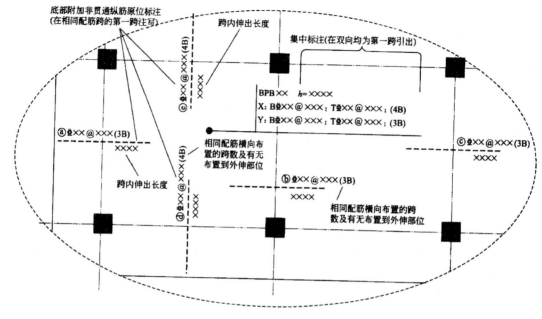

图 1-75 平板式筏型基础平板标注示意

【实　例】

【例 1-27】　B Φ 22@300；T Φ 25@150 表示板带底部配置 Φ 22 间距为 300mm 的贯通纵筋，板带顶部配置 Φ 25 间距为 150mm 的贯通纵筋。

【例 1-28】　柱下区域原位标注的底部附加非贯通纵筋为③Φ 22@300，集中标注的底部贯通纵筋也为 B Φ 22@300，表示在柱下区域实际布置的底部纵筋为 Φ 22@150。（但是在钢筋计算时，底部附加非贯通纵筋和底部贯通纵筋的根数仍然按间距 300mm 来计算。）其他部位与③号筋的附加非贯通纵筋仅注编号③。

【例 1-29】　柱下区域原位标注的底部附加非贯通纵筋为②Φ 25@300，集中标注的底部贯通纵筋为 B Φ 22@300，表示在柱下区域实际设置的底部纵筋为 Φ 25 和 Φ 22 间隔布置，彼此之间间距为 150mm。

【例 1-30】　X：B12 Φ 22@150/200；T10 Φ 20@150/200 表示基础平板 X 向底部配置 Φ 22 的贯通纵筋，跨两端间距为 150mm 配 12 根，跨中间距为 200mm；X 向顶部配置 Φ 20 的贯通纵筋，跨两端间距为 150mm 配 10 根，跨中间距为 200mm（纵向总长度略）。

1.7　筏形基础钢筋构造识图

常遇问题

1. 梁板式筏形基础钢筋构造有哪些内容？

2. 平板式筏形基础钢筋构造有哪些内容？

3. 基础次梁端部外伸部位钢筋构造有哪些内容？

【识图方法】

◆梁板式筏形基础钢筋构造

（1）梁板式筏形基础底板钢筋的连接位置

梁板式筏形基础平板钢筋的连接位置如图1-76所示。

支座两侧的钢筋应协调配置，当两侧配筋直径相同而根数不同时，应将配筋小的一侧的钢筋全部穿过支座，配筋大的一侧的多余钢筋至少伸至支座对边内侧，锚固长度为l_a，当支座内长度不能满足时，则将多余的钢筋伸至对侧板内，以满足锚固长度要求。

（2）梁板式筏形基础底板平板钢筋构造

梁板式筏形基础平板钢筋构造如图1-77所示，钢筋排布构造如图1-78所示。

1）顶部贯通纵筋在连接区内采用搭接、机械连接或焊接。同一连接区段内接头面积百分率不宜大于50%。当钢筋长度可穿过一连接区到下一连接区并满足要求时，宜穿越设置。

2）底部非贯通纵筋自梁中心线到跨内的伸出长度$\geqslant l_n/3$（l_n是基础平板LPB的轴线跨度）。

3）底部贯通纵筋在基础平板内按贯通布置。

底部贯通纵筋的长度＝跨度－左侧伸出长度－右侧伸出长度$\leqslant l_n/3$（"左、右侧延伸长度"即左、右侧的底部非贯通纵筋伸出长度）。

底部贯通纵筋直径不一致时：

当某跨底部贯通纵筋直径大于邻跨时，如果相邻板区板底一平，则应在两毗邻跨中配置较小一跨的跨中连接区内进行连接（即配置较大板跨的底部贯通纵筋须越过板区分界线伸至毗邻板跨的跨中连接区域）。

4）基础平板同一层面的交叉纵筋，何向纵筋在下，何向纵筋在上，应按具体设计说明。

◆平板式筏形基础钢筋构造

（1）平板式筏形基础钢筋标准构造

平板式筏形基础相当于倒置的无梁楼盖。理论上，平板式筏形基础有条件划分板带时，可划分为柱下板带ZXB和跨中板带KZB两种；无条件划分板带时，按平板式筏形基础平板BPB考虑。

柱下板带ZXB和跨中板带KZB钢筋构造如图1-79所示。柱下板带ZXB和跨中板带KZB钢筋排布构造如图1-80所示。

1）不同配置的底部贯通纵筋，应在两个毗邻跨中配置较小一跨的跨中连接区连接（即配置较大一跨的底部贯通纵筋，需超过其标注的跨数终点或起点，伸至毗邻跨的跨中连接区）。

2）柱下板带与跨中板带的底部贯通纵筋，可在跨中1/3净跨长度范围内搭接连接、机械连接或焊接；柱下板带及跨中板带的顶部贯通纵筋，可在柱网轴线附近1/4净跨长度范围内采用搭接连接、机械连接或焊接。

3）基础平板同一层面的交叉纵筋，何向纵筋在下，何向纵筋在上，应按具体设计说明。

4）当基础板厚＞2000mm时，宜在板厚中间部位设置与板面平行的构造钢筋网片，钢筋直径不宜小于12mm，间距不大于300mm的双向钢筋网。

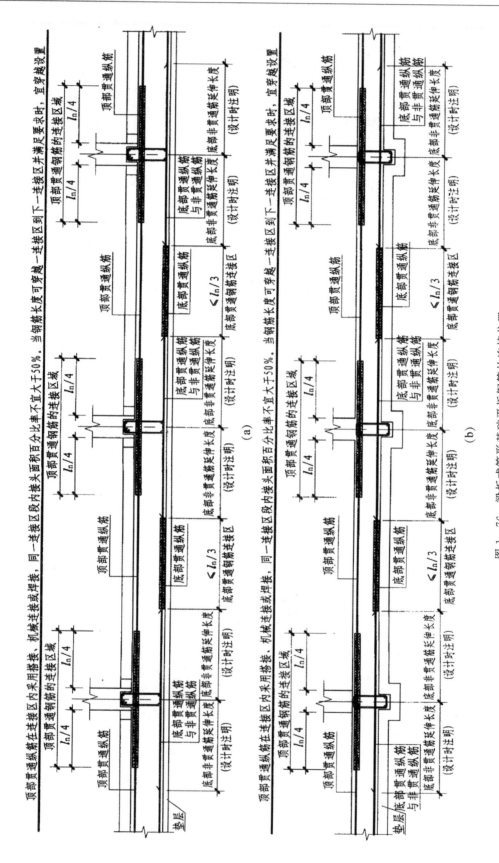

图 1 - 76　梁板式筏形基础平板钢筋的连接位置

(a) 基础梁板底平；(b) 基础梁板顶平

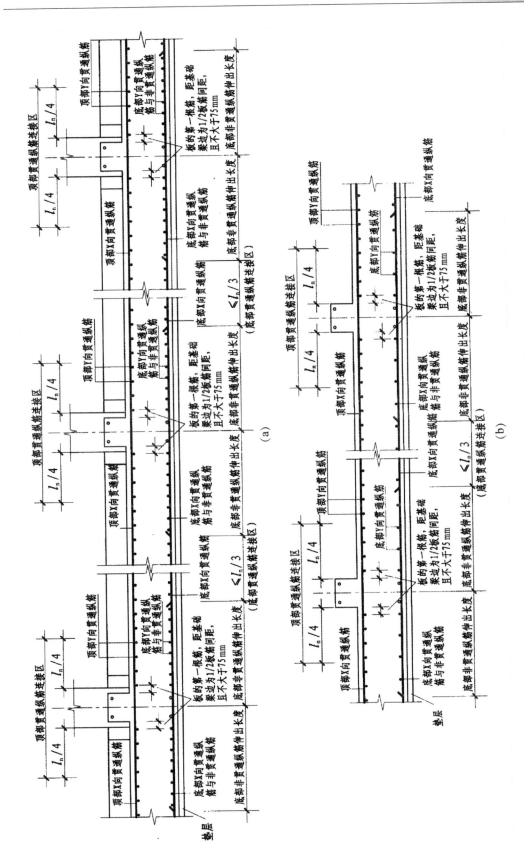

图 1-77 梁板式筏形基础平板钢筋构造
(a) 柱下区域；(b) 跨中区域

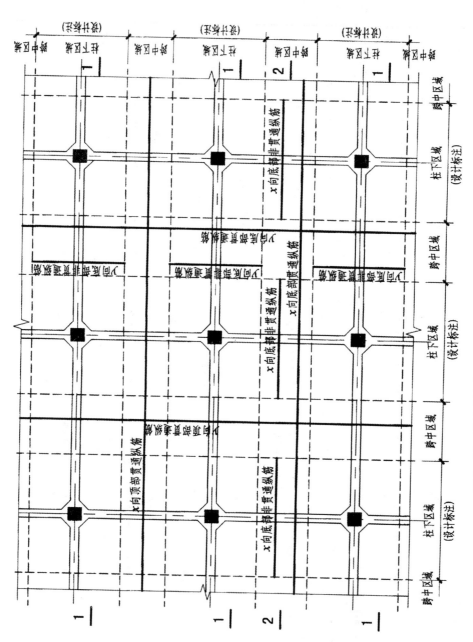

图1-78 梁板式筏形基础底板纵向钢筋排布构造平面图（一）

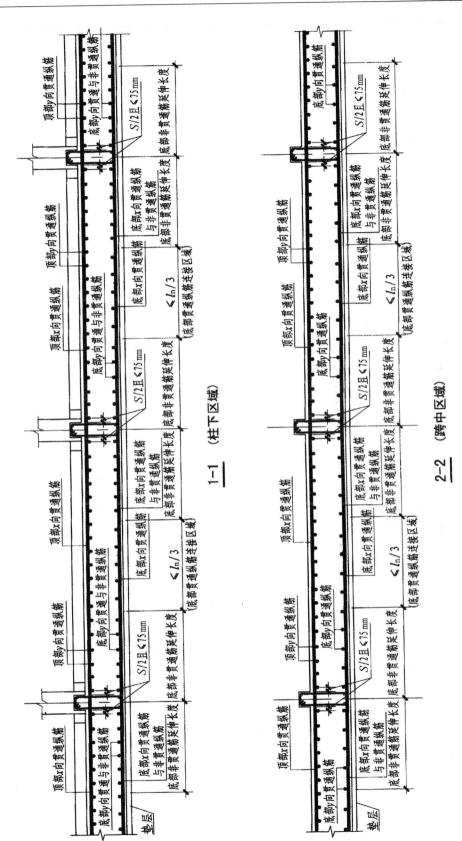

图 1-78 梁板式筏形基础底板纵向钢筋排布构造平面图(二)

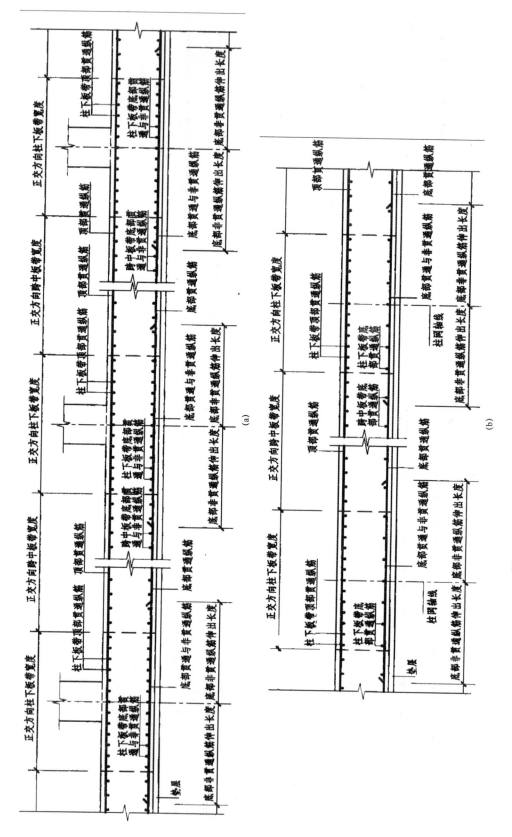

图 1 - 79　柱下板带 ZXB 与跨中板带 KZB 纵向钢筋构造
(a) 柱下板带 ZXB 纵向钢筋构造；(b) 跨中板带 KZB 纵向钢筋构造

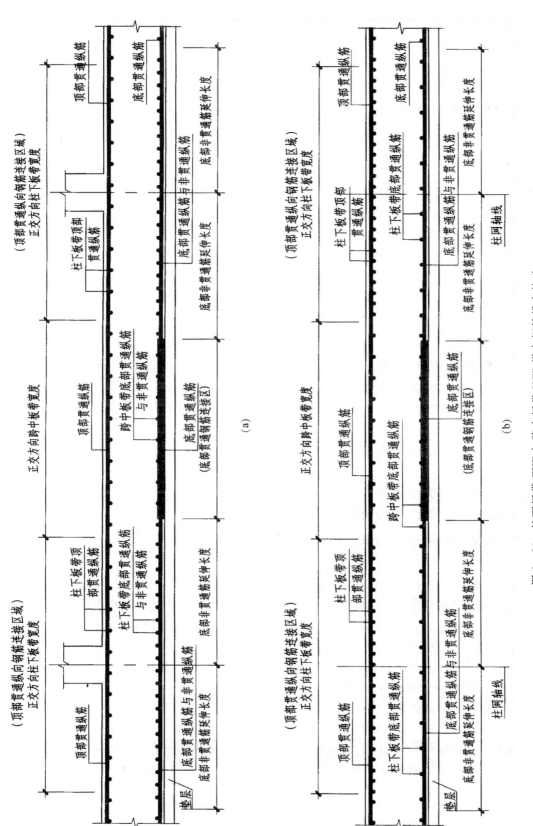

图 1－80　柱下板带 ZXB 与跨中板带 KZB 纵向钢筋排布构造
(a)柱下板带 ZXB 纵向钢筋排布构造；(b)跨中板带 KZB 纵向钢筋排布构造

（2）平板式筏形基础平板钢筋构造（柱下区域）

平板式筏形基础平板钢筋构造（柱下区域）如图 1-81 所示。平板式筏形基础平板钢筋排布构造（柱下区域）如图 1-82 所示。

1）底部附加非贯通纵筋自梁中线到跨内的伸出长度 $\geqslant l_n/3$（l_n 为基础平板的轴线跨度）。

2）底部贯通纵筋连接区长度＝跨度－左侧延伸长度－右侧延伸长度 $\leqslant l_n/3$（左、右侧延伸长度即左、右侧的底部非贯通纵筋延伸长度）。

当底部贯通纵筋直径不一致时：

当某跨底部贯通纵筋直径大于邻跨时，如果相邻板区板底一平，则应在两毗邻跨中配置较小一跨的跨中连接区内进行连接。

3）顶部贯通纵筋按全长贯通设置，连接区的长度为正交方向的柱下板带宽度。

4）跨中部位为顶部贯通纵筋的非连接区。

（3）平板式筏形基础平板钢筋构造（跨中区域）

平板式筏形基础平板钢筋构造（跨中区域）如图 1-83 所示。平板式筏形基础平板钢筋排布构造（跨中区域）如图 1-84 所示。

1）顶部贯通纵筋按全长贯通设置，连接区的长度为正交方向的柱下板带宽度。

2）跨中部位为顶部贯通纵筋的非连接区。

◆ **基础次梁纵向钢筋和箍筋构造**

基础次梁纵向钢筋与箍筋构造，见图 1-85。

（1）顶部和底部贯通纵筋在连接区内采用搭接、机械连接或对焊连接。且在同一连接区段内接头面积百分比率不宜大于 50%。当钢筋长度可穿过一连接区到下一连接区并满足要求时，宜穿越设置。当底部纵筋多于两排时，从第三排起非贯通纵筋向跨内的伸出长度值应由设计者注明。

（2）节点区内箍筋按梁端箍筋设置。梁相互交叉宽度内的箍筋按截面高度较大的基础梁设置。当具体设计未注明时，基础梁外伸部位按梁端第一种箍筋设置。

◆ **基础次梁端部外伸部位钢筋构造**

（1）基础次梁端部等截面外伸钢筋构造

基础次梁端部等截面外伸钢筋构造如图 1-86 所示，钢筋排布构造如图 1-87 所示。

1）梁顶部贯通纵筋伸至尽端内侧弯折 $12d$；梁底部贯通纵筋伸至尽端内侧弯折 $12d$。

2）梁底部上排非贯通纵筋伸至端部截断；底部下排非贯通纵筋伸至尽端内侧弯折 $12d$，从支座中心线向跨内的延伸长度为 $l_n/3+b_b/2$。

注：当 $l_n'+b_b\leqslant l_a$ 时，基础次梁下部钢筋伸至端部后弯折 $15d$；从梁内边算起水平段长度由设计指定，当设计按铰接时应 $\geqslant 0.35l_{ab}$，当充分利用钢筋抗拉强度时应 $\geqslant 0.6l_{ab}$。

（2）基础次梁端部变截面外伸钢筋构造

端部变截面外伸钢筋构造如图 1-88 所示，钢筋排布构造如图 1-89 所示。

1）梁顶部贯通纵筋伸至尽端内侧弯折 $12d$。梁底部贯通纵筋伸至尽端内侧弯折 $12d$。

2）梁底部上排非贯通纵筋伸至端部截断；梁底部下排非贯通纵筋伸至尽端内侧弯折 $12d$，从支座中心线向跨内的延伸长度为 $l_n/3+h_c/2$。

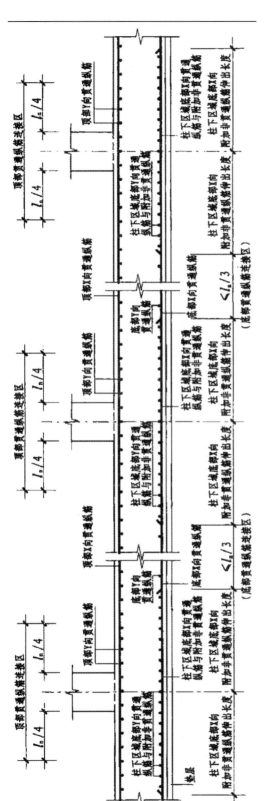

图 1-81 平板式筏形基础平板 BPB 钢筋构造 (柱下区域)

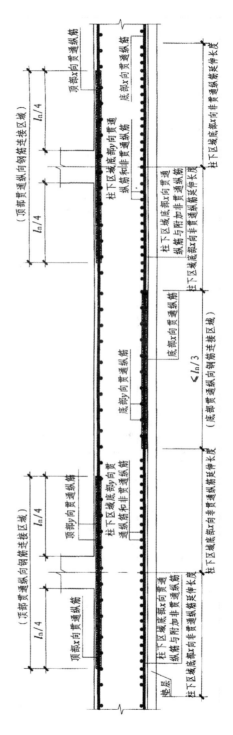

图 1-82 平板式筏形基础平板 BPB 钢筋排布构造 (柱下区域)

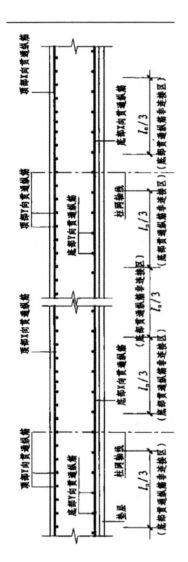

图 1－83 平板式筏形基础平板钢筋构造（跨中区域）

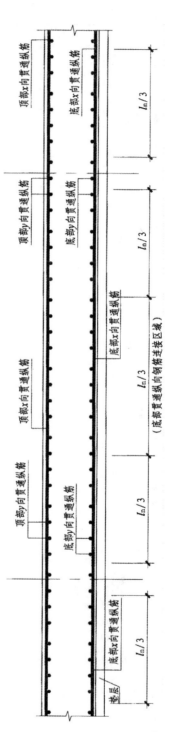

图 1－84 平板式筏形基础平板钢筋排布构造（跨中区域）

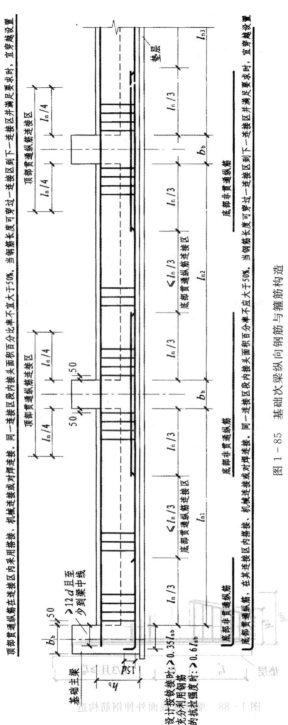

图 1-85 基础次梁纵向钢筋与箍筋构造

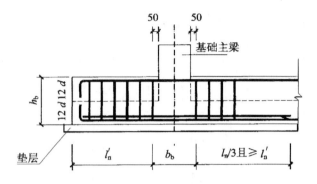

图 1-86 基础次梁端部等截面外伸钢筋构造

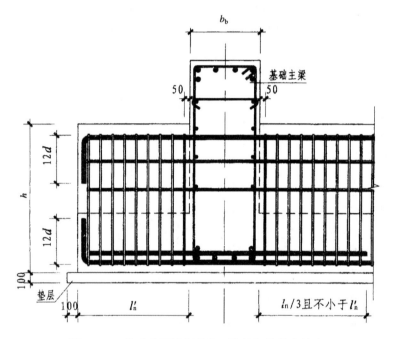

图 1-87 基础次梁端部等截面外伸钢筋排布构造

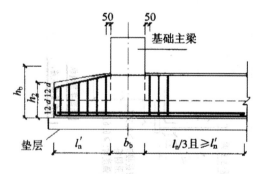

图 1-88 端部变截面外伸钢筋构造

注：当 $l_n' + b_b \leqslant l_a$ 时，基础梁下部钢筋伸至端部后弯折 $15d$；从梁内边算起水平段长度由设计指定，当设计按铰接时应 $\geqslant 0.35l_{ab}$，当充分利用钢筋抗拉强度时应 $\geqslant 0.6l_{ab}$。

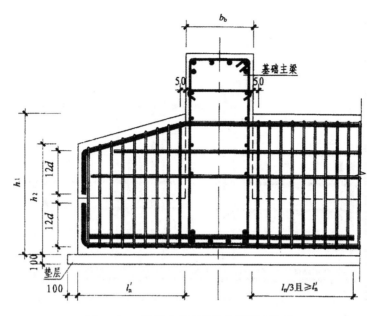

图 1-89　端部变截面外伸钢筋排布构造

（3）基础次梁端部无外伸钢筋排布构造

基础次梁端部无外伸钢筋排布构造如图 1-90 所示。

1）节点区域内基础主梁箍筋设置同梁端箍筋设置。

2）如果设计标明基础梁侧面钢筋为抗扭钢筋时，自梁边开始伸入支座的锚固长度不小于 l_a。

◆**基础次梁变截面部位钢筋构造**

（1）梁顶有高差

梁顶有高差构造如图 1-91 所示，钢筋排布构造如图 1-92 所示。

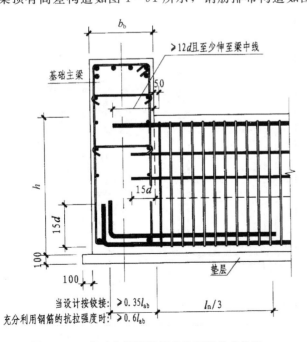

图 1-90　基础次梁端部无外伸钢筋排布构造

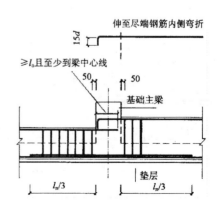

图 1-91　梁顶有高差构造

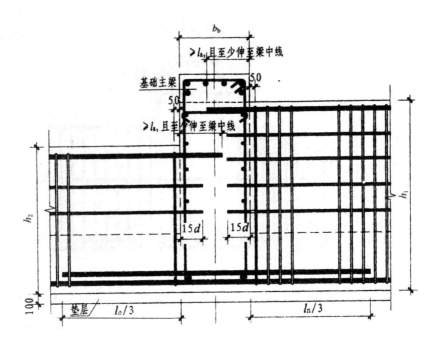

图1-92 梁顶有高差钢筋排布构造

1）梁底钢筋构造如图1-85所示；底部非贯通纵筋两向自基础主梁边缘算起，各自向跨内的延伸长度为 $l_n/3$，其中 l_n 为相邻两跨净跨之较大者。

2）梁顶较低一侧上部钢筋直锚，且至少到梁中线。

3）梁顶较高一侧钢筋伸至尽端向下弯折 $15d$。

（2）梁底有高差

梁底有高差构造如图1-93所示，钢筋排布构造如图1-94所示。

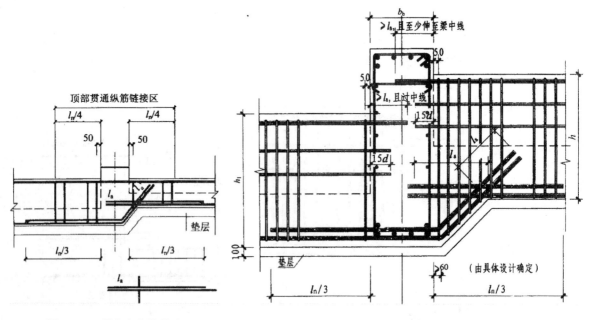

图1-93 梁底有高差构造　　　　　　图1-94 梁底有高差钢筋排布构造

1) 梁顶钢筋构造如图1-85所示。

2) 阴角部位注意避免内折角。梁底较高一侧下部钢筋直锚；梁底较低一侧钢筋伸至尽端弯折，注意直锚长度的起算位置（构件边缘阴角角点处）。

（3）梁顶、梁底均有高差

梁顶、梁底均有高差钢筋构造如图1-95所示，钢筋排布构造如图1-96所示。

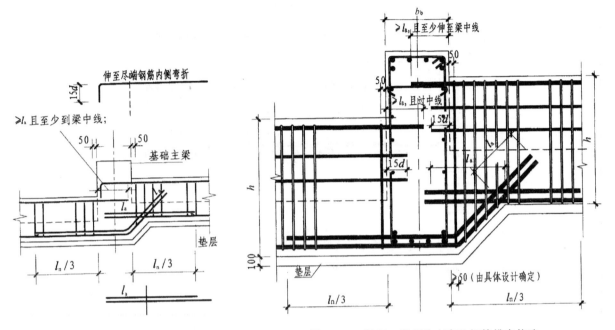

图1-95 梁顶、梁底均有高差钢筋构造　　　　图1-96 梁顶、梁底均有高差钢筋排布构造

1) 顶面标高高的梁顶部纵筋伸至尽端内侧弯折，弯折长度为 $15d$。梁顶面标高低的梁上部纵筋锚入基础梁内长度为 l_a。

2) 底面标高低的梁底部钢筋斜伸至梁底面标高高的梁内，锚固长度为 l_a；梁底面标高高的梁底部钢筋锚固长度为 l_a。

（4）支座两侧基础次梁宽度不同时钢筋构造

支座两边梁宽不同钢筋构造如图1-97所示，钢筋排布构造如图1-98所示。

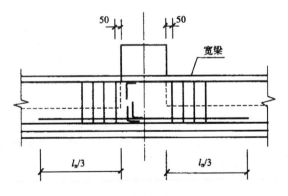

图1-97 支座两边梁宽不同钢筋构造

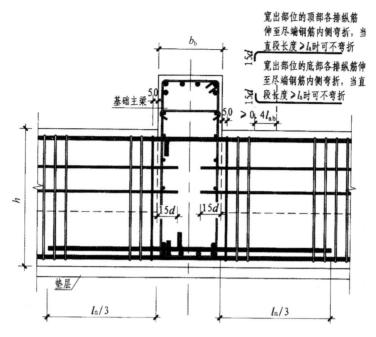

图 1-98 支座两侧基础次梁宽度不同时钢筋排布构造

1) 宽出部位的顶部各排纵筋伸至尽端钢筋内侧弯折 $15d$，当直线段 $\geqslant l_a$ 时可不弯折。

2) 宽出部位的底部各排纵筋伸至尽端钢筋内侧弯折 $15d$，弯折水平段长度 $\geqslant 0.4 l_{ab}$；当直线段 $\geqslant l_a$ 时可不弯折。

【实　例】

【例 1-31】　某建筑梁板式筏形基础主梁钢筋构造识图

某建筑梁板式筏形基础主梁平法施工图如图 1-99 所示。

从图中可以了解以下内容：

1) 该基础的基础主梁有四种编号，分别为 JL01、JL02、JL03、JL04。

2) 识读 JL01。JL01 共有两根，①轴位置的 JL01 进行了详细标注，⑦轴位置的 JL01 只标注了编号。

先识读集中标注。从集中标注中可看出，该梁为两跨两端有外伸，截面尺寸为 700mm×1200mm。箍筋为直径 10mm 的 HPB300 级钢筋，间距为 200mm，四肢箍。梁的底部和顶部均配置了 4 根直径为 25mm 的 HRB400 级贯通纵筋。梁的侧面共配置了 4 根直径 18mm 的 HRB400 级抗扭钢筋，每侧配置 2 根，抗扭钢筋的拉筋为直径 8mm 间距 400mm 的 HPB300 级钢筋。

再识读原位标注。从原位标注中可看出，在Ⓐ、Ⓑ轴线之间的第一跨及外伸部位，标注了顶部贯通纵筋修正值，梁顶部共配置了 7 根贯通纵筋，有 4 根为集中标注中的 4⊈25，另外 3 根为 3⊈20，梁底部支座两侧（包括外伸部位）均配置 8 根直径 25mm 的 HRB400 级钢筋，其中 4 根为集中标注中注写的贯通纵筋，另外 4 根为非贯通纵筋。在Ⓑ、Ⓒ轴线之间的第二跨及外伸部位，梁顶部通长配置了 8 根直径 25mm 的 HRB400 级钢筋（包括集中标注中注写的 4 根贯通纵筋），梁底部支座处配筋同第一跨。

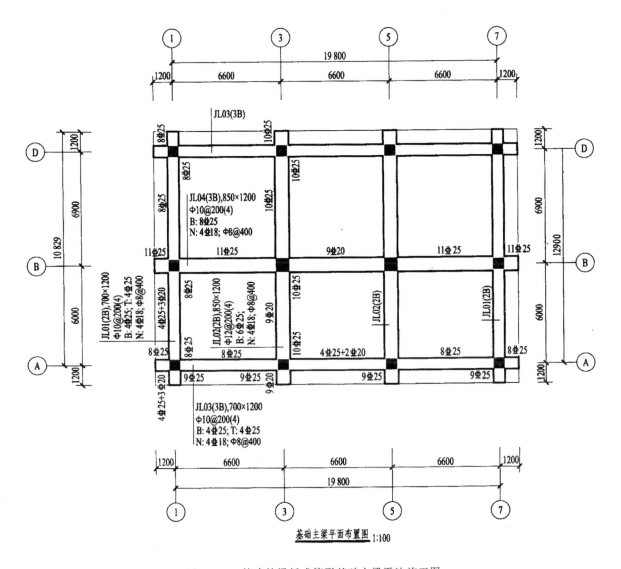

图 1-99 某建筑梁板式筏形基础主梁平法施工图

3）识读 JL04。从集中标注中可看出，基础梁 JL04 为 3 跨两端有外伸，截面尺寸为 850mm ×1200mm。箍筋为直径 10mm 的 HPB300 级钢筋，间距为 200mm，四肢箍。梁底部配置了 8 根直径为 25mm 的 HRB400 级贯通纵筋，顶部无贯通纵筋。梁的侧面共配置了 4 根直径为 18mm 的 HRB400 级抗扭钢筋，每侧配置 2 根，抗扭钢筋的拉筋为直径 8mm 间距为 400mm 的 HPB300 级钢筋。

从原位标注中可知，梁各跨底部支座处均未设置非贯通纵筋。对于梁顶部的纵筋，第一跨、第三跨及两端外伸部位顶部配置了 11 Φ 25，第二跨顶部配置了 9 Φ 20。

【例 1-32】 某建筑梁板式筏形基础平板钢筋构造识图

某建筑梁板式筏形基础平板平法施工图如图 1-100 所示。

从图中可以了解以下内容：

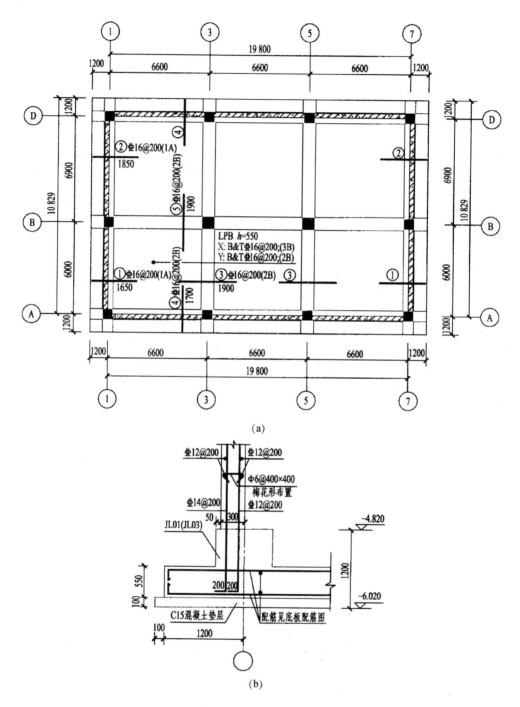

图 1-100 某建筑梁板式筏形基础平板平法施工图

(a) 基础平板平面布置图；(b) 外墙基础详图

1) 图 1-100 是与图 1-99 对应的梁板式筏形基础平板的平面布置图及外墙基础详图。从图中基础平板 LPB 的集中标注可以看出，整个基础底板为一个板区，厚度为 550mm。基础平板 X 方向上底部与顶部均配置直径为 16mm 的 HRB400 级贯通纵筋，间距为 200mm；贯通纵筋纵向总长度为 3 跨两端有外伸。基础平板 Y 方向上底部与顶部也均配置直径为 16mm 的 HRB400 级贯通纵筋，间距为 200mm；贯通纵筋纵向总长度为两跨两端有外伸。

2）从基础平板的原位标注可以看出，在平板底部设有附加非贯通纵筋。下面以①号钢筋为例进行识读。①号附加非贯通纵筋在Ⓐ、Ⓑ轴线之间，沿①轴线方向布置，配置直径为 16mm 的 HRB400 级钢筋，间距为 200mm。①号钢筋仅布置 1 跨，一端向跨内的伸出长度为 1650mm，另一端布置到基础梁的外伸部位。沿⑦轴线布置的①号钢筋只注写了编号。

3）外墙基础详图主要表示钢筋混凝土外墙的位置、尺寸、配筋等情况。外墙厚度为 300mm，墙内皮位于轴线上。墙身内配置了 2 排钢筋网，内侧一排钢筋网中，竖向分布钢筋和水平分布钢筋均为 Φ 12@200；外侧一排钢筋网中，竖向分布钢筋为 Φ 14@200，水平分布钢筋为 Φ 12@200，两侧竖向分布钢筋锚固入基础底部。墙内还梅花形布置了直径为 6mm 的间距为 400mm×400mm 的 HPB300 级钢筋作为拉筋。

2

柱构件钢筋识图

2.1 柱构件平法识图

常遇问题

1. 在工作过程中会遇到"$\phi10@100/250$""$\phi10@100$""L$\phi10@100/200$"的柱平法施工图注写方式，它们表示什么呢？
2. 什么是柱构件的列表注写方式？
3. 柱列表注写包括哪些内容？
4. 如何采用列表注写方式表达柱平法施工图？

【识图方法】

◆柱列表注写方式

列表注写方式，是指在柱平面布置图上（一般只需采用适当比例绘制一张柱平面布置图，包括框架柱、框支柱、梁上柱和剪力墙上柱），分别在同一编号的柱中选择一个（有时需要选择几个）截面标注几何参数代号；在柱表中注写柱编号、柱段起止标高、几何尺寸（含柱截面对轴线的偏心情况）与配筋的具体数值，并配以各种柱截面形状及其箍筋类型图的方式，来表达柱平法施工图。

柱表的内容规定如下：

（1）注写柱编号。柱编号由类型代号和序号组成，应符合表2-1的规定。

表2-1 柱 编 号

柱 类 型	代 号	序 号
框架柱	KZ	××
框支柱	KZZ	××
芯柱	XZ	××
梁上柱	LZ	××
剪力墙上柱	QZ	××

注 编号时，当柱的总高、分段截面尺寸和配筋均应对应相同，仅截面与轴线的关系不同时，仍可将其编为同一柱号，但应在图中注明截面轴线的关系。

（2）注写柱段起止标高，自柱根部往上以变截面位置或截面未变但配筋改变处为界分段注写。框架柱和框支柱的根部标高系指基础顶面标高；芯柱的根部标高系指根据结构实际需要而定的起始位置标高；梁上柱的根部标高系指梁顶面标高；剪力墙上柱的根部标高为墙顶面标高。

（3）注写截面几何尺寸。对于矩形柱，截面尺寸用$b\times h$表示，通常，$b\times h$及与轴线关系的几何参数代号b_1、b_2和h_1、h_2的具体数值，需对应于各段柱分别注写。其中$b=b_1+b_2$，$h=h_1+h_2$。当截面的某一边收缩变化至与轴线重合或偏到轴线的另一侧时，b_1、b_2、h_1、h_2中的某项为零或为负值。

对于圆柱，截面尺寸用d表示。为表达简单，圆柱截面与轴线的关系也用b_1、b_2和h_1、h_2

表示，并使 $d=b_1+b_2=h_1+h_2$。

对于芯柱，根据结构需要，可以在某些框架柱的一定高度范围内，在其内部的中心位置设置（分别引注其柱编号）。芯柱截面尺寸按构造确定，并按本书钢筋构造详图施工，设计不需注写；当设计者采用与本构造详图不同的做法时，应另行注明。芯柱定位随框架柱，不需要注写其与轴线的几何关系。

（4）注写柱纵筋。当柱纵筋直径相同，各边根数也相同时（包括矩形柱、圆柱和芯柱），可将纵筋注写在"全部纵筋"一栏中；除此之外，柱纵筋分角筋、截面 b 边中部筋和 h 边中部筋三项分别注写（对于采用对称配筋的矩形截面柱，可仅注写一侧中部筋，对称边省略不注）。

（5）在箍筋类型栏内注写箍筋的类型号与肢数。

具体工程所设计的各种箍筋类型图以及箍筋复合的具体方式，需画在表的上部或图中的适当位置，并在其上标注与表中相对应的 b、h 和类型号。常见箍筋类型号所对应的箍筋形状如图 2-1 所示。

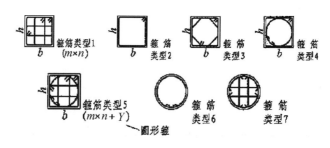

图 2-1 箍筋类型号及所对应的箍筋形状

当为抗震设计时，确定箍筋肢数时要满足对柱纵筋"隔一拉一"以及箍筋肢距的要求。

（6）注写柱箍筋，包括箍筋级别、直径与间距。

当为抗震设计时，用斜线"/"区分柱端箍筋加密区与柱身非加密区长度范围内箍筋的不同间距。施工人员需根据标准构造详图的规定，在规定的几种长度值中取其最大者作为加密区长度。当框架节点核芯区内箍筋与柱端箍筋设置不同时，应在括号中注明核芯区箍筋直径及间距。

当箍筋沿柱全高为一种间距时，则不使用"/"线。

当圆柱采用螺旋箍筋时，需在箍筋前加"L"。

◆柱截面注写方式

截面注写方式，是在柱平面布置图的柱截面上，分别在同一编号的柱中选择一个截面，以直接注写截面尺寸和配筋具体数值的方式来表达柱平法施工图。

柱截面注写方式图示，如图 2-2 所示。

截面注写方式中，若某柱带有芯柱，则直接在截面注写中，注写芯柱编号及起止标高，如图 2-3 所示。

对除芯柱之外的所有柱截面进行编号，从相同编号的柱中选择一个截面，按另一种比例原位放大绘制柱截面配筋图，并在各配筋图上继其编号后再注写截面尺寸 $b×h$、角筋或全部纵筋（当纵筋采用一种直径且能够图示清楚时）、箍筋的具体数值，以及在柱截面配筋图上标注柱截面与轴线关系 b_1、b_2、h_1、h_2 的具体数值。

当纵筋采用两种直径时，需再注写截面各边中部筋的具体数值（对于采用对称配筋的矩形

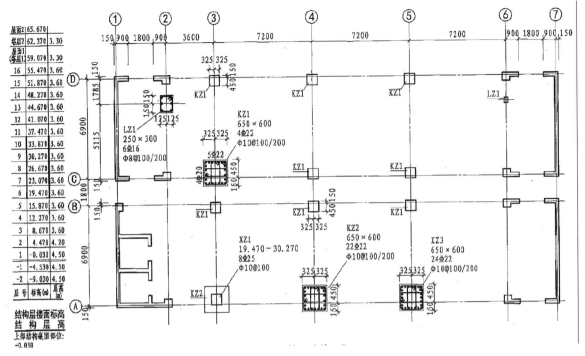

图 2-2 柱截面注写方式图示

截面柱，可仅在一侧注写中部筋，对称边省略不注）。

当在某些框架柱的一定高度范围内，在其内部的中心位设置芯柱时，首先按照表 2-1 的规定进行编号，继其编号之后注写芯柱的起止标高、全部纵筋及箍筋的具体数值，芯柱截面尺寸按构造确定，并按标准构造详图施工，设计不注；当设计者采用与本构造详图不同的做法时，应另行注明。芯柱定位随框架柱，不需要注写其与轴线的几何关系。

在截面注写方式中，如柱的分段截面尺寸和配筋均相同，仅截面与轴线的关系不同时，可将其编为同

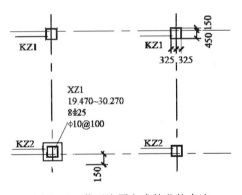

图 2-3 截面注写方式的芯柱表达

一柱号。但此时应在未画配筋的柱截面上注写该柱截面与轴线关系的具体尺寸。

采用截面注写方式绘制柱平法施工图，可按单根柱标准层分别绘制，也可将多个标准层合并绘制。当单根柱标准层分别绘制时，柱平法施工图的图纸数量和柱标准层的数量相等；当将多个标准层合并绘制时，柱平法施工图的图纸数量更少，也更便于施工人员对结构形成整体概念。

【实　例】

【例 2-1】　$\phi10@100/250$，表示箍筋为 HPB300 级钢筋，直径 $\phi10$，加密区间距为 100mm，非加密区间距为 250mm。

【例 2-2】　$\phi10@100$，表示沿柱全高范围内箍筋均为 HPB300 级钢筋，直径 $\phi10$，间距为 100mm。

【例2-3】 Lϕ10@100/200，表示采用螺旋箍筋，HPB300级钢筋，直径ϕ10，加密区间距为100mm，非加密区间距为200mm。

【例2-4】 采用列表注写方式表达的柱平法施工图示例（见图2-4）。

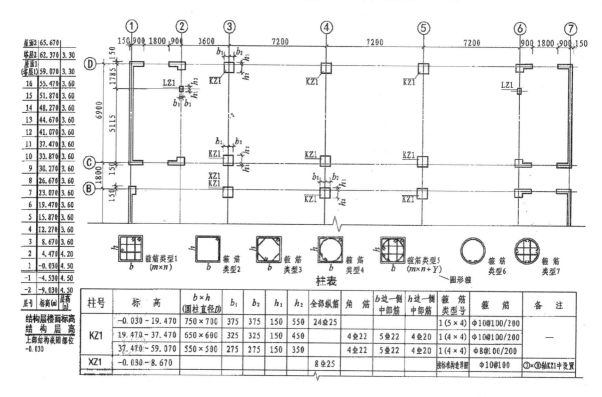

图2-4 柱平法施工图（列表注写方式）

从上图中可以了解以下内容：

1）柱表中"KZ1"表示编号为1的框架柱，"XZ1"表示编号为1的芯柱。

2）数值"750×700"表示$b=750$mm，$h=700$mm。

3）$b_1=375$mm，$b_2=375$mm，$h_1=150$mm，$h_2=550$mm，四个数据用来定位柱中心与轴线之间的关系。

4）角筋是布置于框架柱四个柱角部的钢筋。

5）箍筋类型1中：m表示b方向钢筋根数，n表示h方向钢筋根数。

6）"ϕ10@100/200"表示钢筋直径为10mm，钢筋强度等级为HPB300级，箍筋在柱的加密区范围内间距为100mm，非加密区间距为200mm。用斜线"/"将箍筋加密区与非加密区分隔开来。

7）第二行框架柱中全部纵筋为：角筋4Φ22，b截面中部配有5Φ22，h截面中部配有4Φ20，箍筋类型Ⅰ（4×4）。

8）箍筋"ϕ10@100"表示框架柱高范围内配置箍筋直径为10mm，钢筋强度等级为HPB300级（光圆钢筋），柱全高度范围内加密，加密间距为100mm。

【例2-5】 图2-5为用截面注写方式表达的××工程柱平法施工图。各柱平面位置如图2-6所示，截面尺寸和配筋情况如图2-6所示。

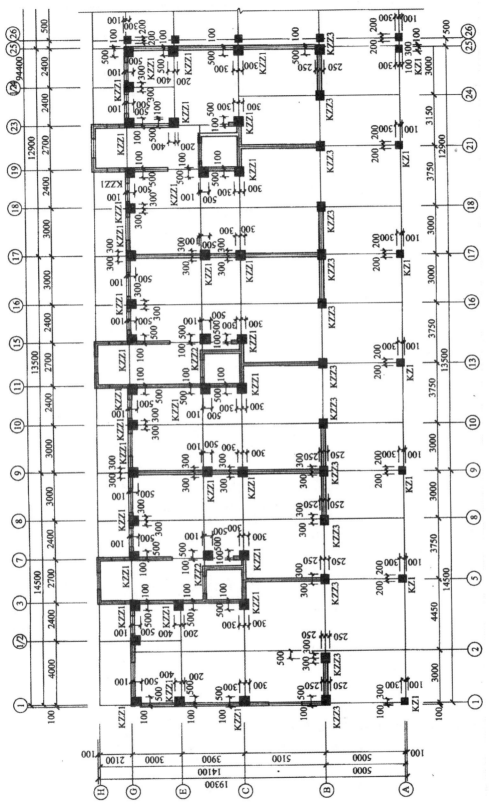

图 2-5　1#一、二层框支柱平面布置图

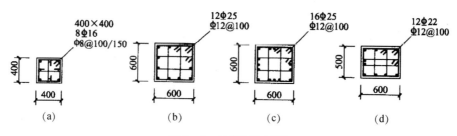

图 2-6 柱截面和配筋

(a) KZ1；(b) KZZ1(1 : 30)；(c) KZZ2(1 : 30)；(d) KZZ3(1 : 30)

从图 2-5、图 2-6 中可以了解到的内容见表 2-2。

表 2-2   工 程 实 例 解 析

项 目	解 析
图名	一、二层框支柱平面布置图
比例	1 : 100
轴线编号及其间距尺寸	与建筑图、基础平面布置图一致
框架柱编号	1 种
框架柱数量	7 根，位于Ⓐ轴线上
框支柱编号	3 种
框支柱数量	34 根 KZZ1 分别位于Ⓒ、Ⓓ、Ⓔ和Ⓖ轴线上；2 根 KZZ2 位于Ⓓ轴线上；13 根 KZZ3，位于Ⓑ轴线上
抗震等级	转换层以下框架为二级，一、二层剪力墙及转换层以上两层剪力墙，抗震等级为三级，以上各层抗震等级为四级
KZ1 结构要求	截面尺寸为 400mm×400mm，纵向受力钢筋为 8 根直径为 16mm 的 HRB335 级钢筋；箍筋直径为 8mm 的 HPB300 级钢筋，加密区间距为 100mm，非加密区间距为 150mm。箍筋加密区长度为：基础顶面以上底层柱根加密区长度不小于底层净高的 1/3；其他柱端加密区长度应取柱截面长边尺寸、柱净高的 1/6 和 500mm 中的最大值；刚性地面上、下各 500mm 的高度范围内箍筋加密。角柱应沿柱全高加密箍筋
KZZ1 结构要求	截面尺寸为 600mm×600mm，纵向受力钢筋为 12 根直径为 25mm 的 HRB335 级钢筋；箍筋直径为 12mm 的 HRB335 级钢筋，间距为 100mm，全长加密
KZZ2 结构要求	截面尺寸为 600mm×600mm，纵向受力钢筋为 16 根直径为 25mm 的 HRB335 级钢筋；箍筋直径为 12mm 的 HRB335 级钢筋，间距为 100mm，全长加密
KZZ3 结构要求	截面尺寸为 600mm×500mm，纵向受力钢筋为 12 根直径为 22mm 的 HRB335 级钢筋；箍筋直径为 12mm 的 HRB335 级钢筋，间距为 100mm，全长加密
其他	本工程柱外侧纵向钢筋配筋率≤1.2%，且混凝土强度等级≥C20，板厚≥80mm，所以柱顶构造可选用图 2-12 中的 (a)、(b) 或 (d)。

2.2   框架柱纵向钢筋构造识图

常遇问题

1. 抗震框架柱纵向钢筋连接构造有哪些做法？

2. 非抗震框架柱纵向钢筋连接构造有哪些做法？

3. 框架柱变截面位置纵向钢筋有哪些做法？

4. 抗震框架柱边柱和角柱柱顶纵向钢筋构造有哪些做法？

【识图方法】

◆抗震框架柱纵向钢筋连接构造

钢筋连接可分为绑扎搭接、机械连接和焊接连接三种情况，设计图纸中钢筋的连接方式均应予以注明。设计者应在柱平法结构施工图中注明偏心受拉柱的平面位置及所在层数。

当嵌固部位位于基础顶面时，抗震框架柱 KZ 的纵向钢筋的连接构造如图 2-7 所示；而嵌固部位位于地下室顶面时，地下室部分抗震框架柱 KZ 的纵向钢筋连接构造如图 2-8 所示。

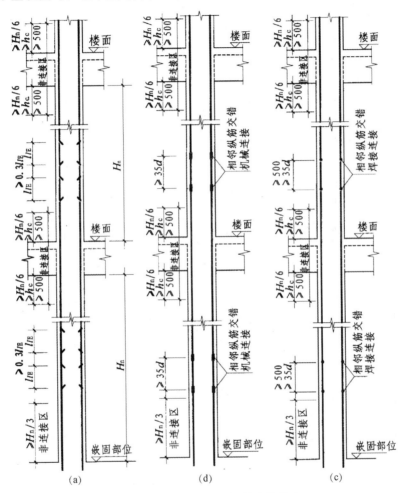

图 2-7 抗震 KZ 纵向钢筋连接构造

(a) 绑扎搭接；(b) 机械连接；(c) 焊接连接

1) 图 2-8 适用于上柱钢筋直径不大于下柱钢筋直径且上下柱截面相同、钢筋根数相同的情况。

2) 图中钢筋连接形式有搭接、机械连接和焊接三种情况。

3) 柱嵌固端非连接区为 $\geqslant H_n/3$ 单控值；其余所有柱端非连接区为 $\geqslant H_n/6$、$\geqslant h_c$、$\geqslant 500$mm "三控" 高度值，即三个条件同时满足，所以应在三个控制值中取最大者。

4) 图中 h_c 为柱截面长边尺寸（圆柱为截面直径），H_n 为所在楼层的柱净高。

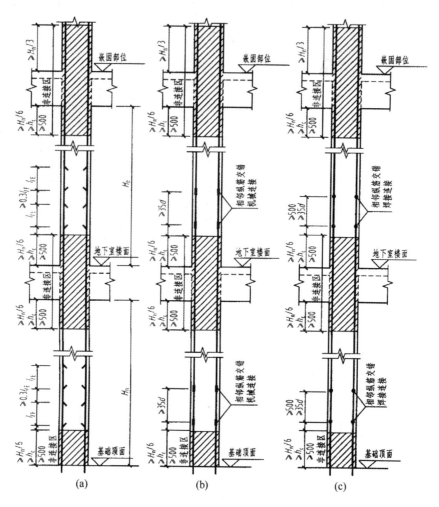

图 2-8 地下室抗震 KZ 纵向钢筋连接构造
(a) 绑扎搭接；(b) 机械连接；(c) 焊接连接

5) d 为相互连接两根钢筋中较小直径；当同一构件内不同连接钢筋计算连接区段长度不同时取大值。

6) 图 2-7、图 2-8 中柱相邻纵向钢筋连接接头相互错开。同一截面内钢筋接头面积百分率：对于绑扎搭接和机械连接不宜大于 50%，对于焊接连接不应大于 50%。

7) 同一连接区段内纵向钢筋接头面积百分率，为该区段内有连接接头的纵向受力钢筋截面面积与全部纵向钢筋截面面积的比值。

8) 当受拉钢筋直径大于 25mm 及受压钢筋直径大于 28mm 时，不宜采用绑扎搭接。

9) 凡接头中点位于连接区段长度内，连接接头均属于同一连接区段。

10) 图中的非连接区（即抗震的箍筋加密区）是指在一般情况下不应在此区域进行钢筋连接，特殊情况除外。如在实际施工过程中钢筋接头无法避开非连接区，必须在此进行钢筋连接，则应该采用机械连接或焊接。

11) 机械连接和焊接接头的类型和质量应符合国家现行有关标准的规定。

12) 可以在除非连接区外的柱身任意位置进行钢筋搭接、机械连接或焊接。

13）轴心受拉及小偏心受拉柱内的纵向钢筋，不得采用绑扎搭接接头，设计者应在柱平法结构施工图中注明其平面位置和层数。

14）当采用搭接连接时，若某层连接区的高度不满足纵向钢筋分两批搭接所需要的高度时，应改用机械连接或焊接连接。

15）框架柱纵向钢筋应贯穿中间层节点．不应在中间各层节点内截断。任何情况下，钢筋接头必须设在节点区以外。

16）具体工程中，框架柱的嵌固部位详见设计图纸标注。

17）图中阴影部分为抗震 KZ 纵筋的非连接区。

18）柱的同一根纵筋在同一层内设置连接接头不得多于一个。

◆ **非抗震框架柱的纵向钢筋连接构造**

当框架柱设计时无须考虑动荷载，只考虑静力荷载作用时，一般按非抗震 KZ 设计。非抗震框架柱常用的纵筋连接方式有绑扎搭接、焊接连接、机械连接三种方式，纵筋的连接要求，见图 2-9。非抗震框架柱尚应满足以下构造要求：

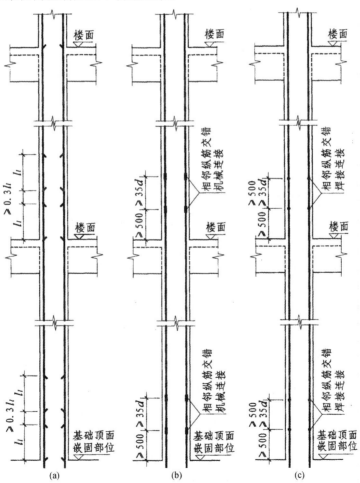

图 2-9　非抗震 KZ 纵向钢筋连接构造

（a）绑扎搭接；（b）机械连接；（c）焊接连接

1) 柱相邻纵向钢筋连接接头相互错开，在同一截面内的钢筋接头面积百分率不宜大于50%。

2) 轴心受拉以及小偏心受拉柱内的纵筋，不得采用绑扎搭接接头，设计者应在平法施工图中注明其平面位置及层数。

3) 上柱钢筋比下柱多时，钢筋的连接见图2-10中的（a）；上柱钢筋直径比下柱钢筋直径大时，钢筋的连接见图2-10中的（b）；下柱钢筋比上柱多时，钢筋的连接见图2-10中的（c）；下柱钢筋直径比上柱钢筋直径大时，见图2-10中的（d）。图2-10中可为绑扎搭接、机械连接或对焊连接中的任一种。

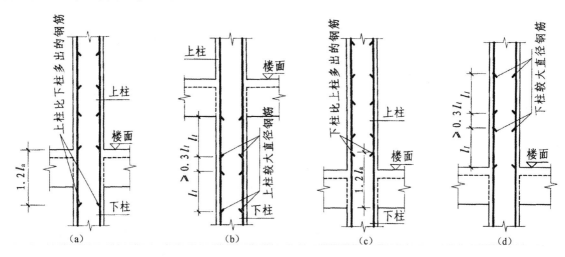

图 2-10 上、下柱钢筋不同时钢筋构造

4) 框架柱纵向钢筋直径 $d > 28mm$ 时，不宜采用绑扎搭接接头。

5) 机械连接和焊接接头的类型及质量应符合国家现行有关标准的规定。

◆**框架柱变截面位置纵向钢筋构造**

框架柱变截面位置纵向钢筋的构造要求通常是指当楼层上下柱截面发生变化时，其纵筋在节点内的锚固方法和构造措施。纵向钢筋根据框架柱在上下楼层截面变化相对梁高数值的大小，及其所处位置，可分为五种情况，具体构造如图2-11所示。

根据错台的位置及斜率比的大小，可以得出抗震框架柱变截面处的纵筋构造要点，其中 Δ 为上下柱同向侧面错台的宽度，h_b 为框架梁的截面高度。

（1）变截面的错台在内侧

变截面的错台在内侧时，可分为两种情况：

1) $\Delta/h_b > 1/6$

图2-11（a）、图2-11（c）：下层柱纵筋断开，上层柱纵筋伸入下层；下层柱纵筋伸至该层顶12d；上层柱纵筋伸入下层1.2l_{aE}。

2) $\Delta/h_b \leqslant 1/6$

图2-11（b）、图2-11（d）：下层柱纵筋斜弯连续伸入上层，不断开。

（2）变截面的错台在外侧

变截面的错台在外侧时，构造如图2-11（e）所示，端柱处变截面，下层柱纵筋断开，伸至梁顶后弯锚进框架梁内，弯折长度为 $\Delta + l_{aE} -$ 纵筋保护层，上层柱纵筋伸入下层1.2l_{aE}。

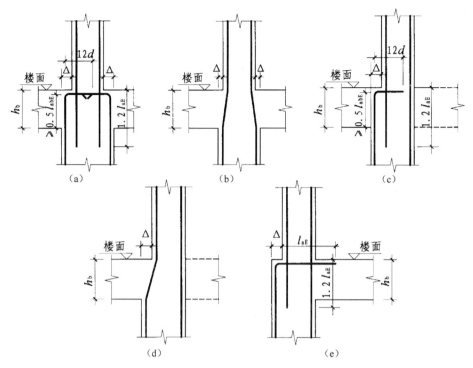

图 2-11 抗震 KZ 柱变截面位置纵向钢筋构造

(a) $\Delta/h_b > 1/6$; (b) $\Delta/h_b \leqslant 1/6$; (c) $\Delta/h_b > 1/6$; (d) $\Delta/h_b \leqslant 1/6$; (e) 外侧错台

◆**抗震框架柱边柱和角柱柱顶纵向钢筋构造**

抗震框架柱边柱和角柱柱顶纵向钢筋构造有五个节点构造，如图 2-12 所示。

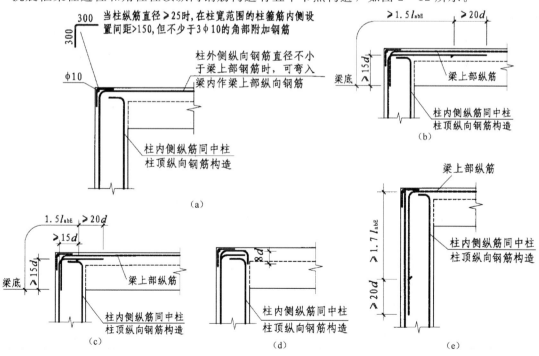

图 2-12 抗震框架柱边柱和角柱柱顶纵向钢筋构造

(a) 节点 A; (b) 节点 B; (c) 节点 C; (d) 节点 D; (e) 节点 E

图中五个构造做法图可分成三种类型：其中 A 是柱外侧纵筋弯入梁内作梁上部筋的构造做法；B、C 类是柱外侧筋伸至梁顶部再向梁内延伸与梁上部钢筋搭接的构造做法（可简称为"柱插梁"）；而 E 是梁上部筋伸至柱外侧再向下延伸与柱筋搭接的构造做法（可简称为"梁插筋"）。

1）节点 A、B、C、D 应相互配合使用，节点 D 不应单独使用（只用于未伸入梁内的柱外侧纵筋锚固），伸入梁内的柱外侧纵筋不宜少于柱外侧全部纵筋面积的 65%。

2）可选择 B+D 或 C+D 或 A+B+D 或 A+C+D 的做法。

3）节点 E 用于梁、柱纵向钢筋接头沿节点柱顶外侧直线布置的情况，可与节点 A 组合使用。

4）可选择 E 或 A+E 的做法。

5）设计未注明采用哪种构造时，施工人员应根据实际情况按各种做法所要求的条件正确地选用。

◆框架梁上起柱钢筋锚固构造

框架梁上起柱，指一般抗震或非抗震框架梁上的少量起柱（例如：支撑层间楼梯梁的柱等），其构造不适用于结构转换层上的转换大梁起柱。

框架梁上起柱，框架梁是柱的支撑，因此，当梁宽度大于柱宽度时，柱的钢筋能比较可靠的锚固到框架梁中，当梁宽度小于柱宽时，为使柱钢筋在框架梁中锚固可靠，应在框架梁上加侧腋以提高梁对柱钢筋的锚固性能。

柱插筋伸入梁中竖直锚固长度应 $\geqslant 0.5l_{ab}$，水平弯折 $12d$，d 为柱插筋直径。

柱在框架梁内应设置两道柱箍筋，当柱宽度大于梁宽时，梁应设置水平加腋。其构造要求如图 2-13 所示。抗震梁上起柱钢筋排布构造如图 2-14 所示，非抗震梁上起柱钢筋排布构造如图 2-15 所示。

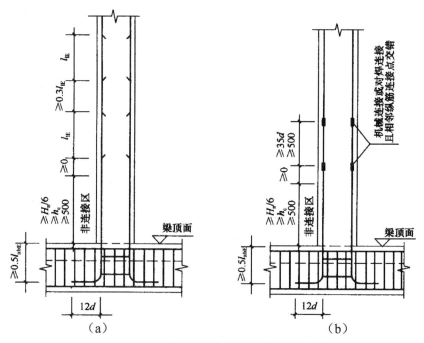

图 2-13　梁上柱纵筋构造
（a）绑扎连接；（b）机械/焊接连接

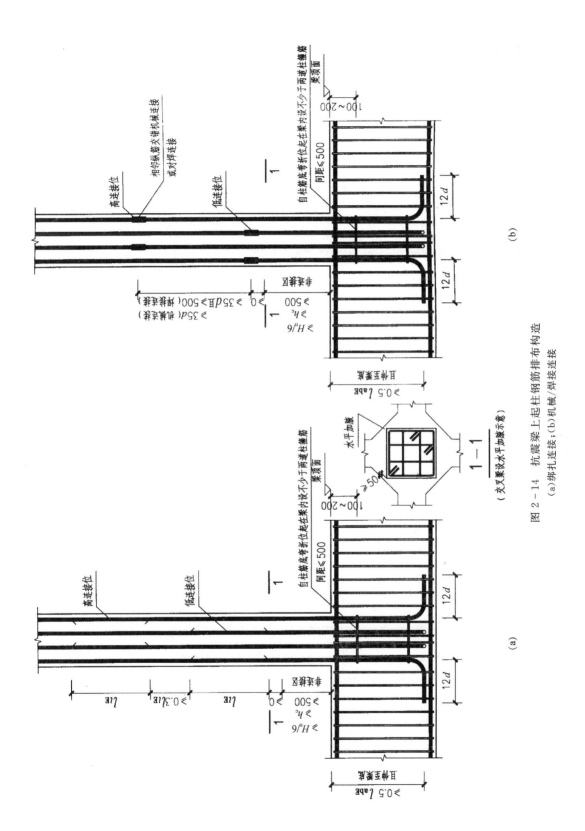

图 2-14 抗震梁上起柱钢筋排布构造
(a)绑扎连接;(b)机械/焊接连接

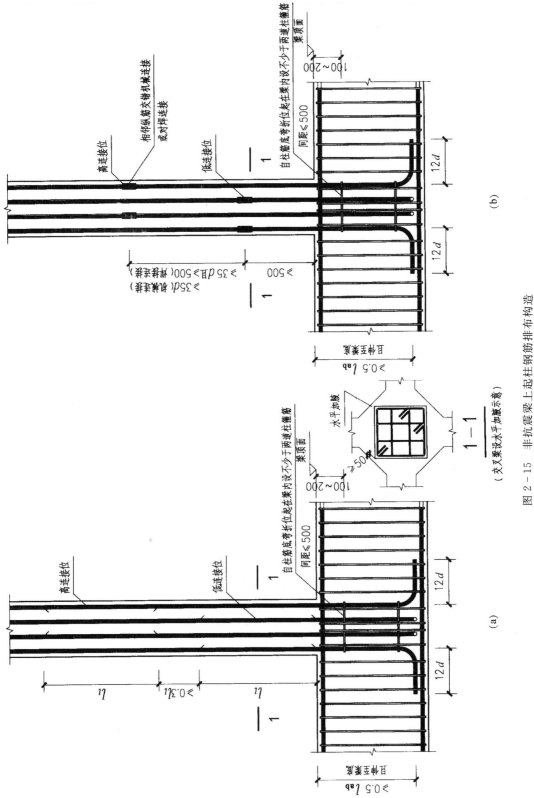

图 2 – 15 非抗震梁上起柱钢筋排布布构造
(a) 绑扎连接；(b) 机械/焊接连接

◆框架柱插筋在基础中的锚固构造

柱插筋及其箍筋在基础中的锚固构造，可根据基础类型、基础高度、基础梁与柱的相对尺寸等因素综合确定。柱插筋在基础中的锚固构造如图 2-16 所示。

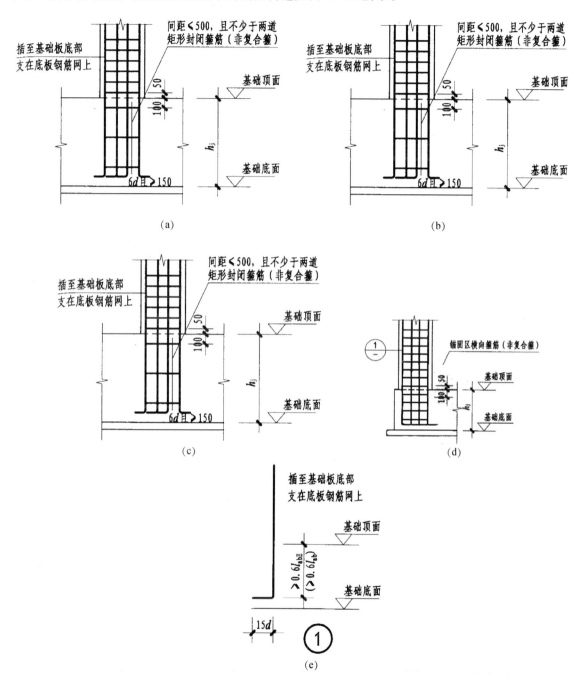

图 2-16　柱插筋在基础中锚固构造

（a）插筋保护层厚度＞5d；$h_j>l_{aE}(l_a)$；（b）插筋保护层厚度＞5d；$h_j\leqslant l_{aE}(l_a)$；

（c）插筋保护层厚度≤5d；$h_j>l_{aE}(l_a)$；（d）插筋保护层厚度≤5d；$h_j\leqslant l_{aE}(l_a)$；

（e）节点 1 构造

1）图中 h_j 为基础底面至基础顶面的高度。对于带基础梁的基础为基础梁顶面至基础梁底面的高度。当柱两侧基础梁标高不同时取较低标高。

2）锚固区横向箍筋应满足直径≥$d/4$（d 为插筋最大直径）、间距≤$10d$（d 为插筋最小直径）且≤100mm 的要求。

3）当插筋部分保护层厚度不一致情况下（如部分位于板中部分位于梁内），保护层厚度小于 $5d$ 的部位应设置锚固区横向箍筋。

4）当柱为轴心受压或小偏心受压，独立基础、条形基础高度不小于 1200mm 时，或当柱为大偏心受压，独立基础、条形基础高度不小于 1400mm 时，可仅将柱四角插筋伸至底板钢筋网上（伸至底板钢筋网上的柱插筋之间间距不应大于 1000mm），其他钢筋满足锚固长度 $l_{aE}(l_a)$ 即可。

5）图中 d 为插筋直径。

柱插筋在基础中锚固构造的具体构造要点为：

①插筋保护层厚度>$5d$；h_j>$l_{aE}(l_a)$

柱插筋"插至基础板底部支在底板钢筋网上"，弯折"$6d$ 且≥150mm"；而且，墙插筋在基础内设置"间距≤500mm，且不少于两道矩形封闭箍筋（非复合箍）"。

②插筋保护层厚度>$5d$；h_j≤$l_{aE}(l_a)$

柱插筋"插至基础板底部支在底板钢筋网上"，且锚固垂直段"≥$0.6l_{abE}$（≥$0.6l_{ab}$）"，弯折"$15d$"；而且，墙插筋在基础内设置"间距≤500mm，且不少于两道矩形封闭箍筋（非复合箍）"。

③插筋保护层厚度≤$5d$；h_j>$l_{aE}(l_a)$

柱插筋"插至基础板底部支在底板钢筋网上"，弯折"$6d$ 且≥150mm"；而且，墙插筋在基础内设置"锚固区横向箍筋"。

④插筋保护层厚度≤$5d$；h_j≤$l_{aE}(l_a)$

柱插筋"插至基础板底部支在底板钢筋网上"，且锚固垂直段"≥$0.6l_{abE}$（≥$0.6l_{ab}$）"，弯折"$15d$"；而且，墙插筋在基础内设置"锚固区横向箍筋"。

◆**芯柱锚固构造**

为使抗震框架柱等竖向构件在消耗地震能量时有适当的延性，满足轴压比的要求，可在框架柱截面中部三分之一范围设置芯柱，如图 2-17 所示。芯柱截面尺寸长和宽一般为 $\max(b/3, 250mm)$ 和 $\max(h/3, 250mm)$。芯柱配置的纵筋和箍筋按设计标注，芯柱纵筋的连接与根部锚固同框架柱，向上直通至芯柱顶标高。非抗震设计时，一般不设计芯柱。

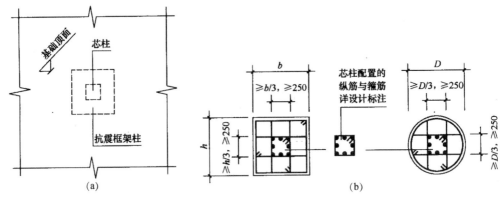

图 2-17 芯柱截面尺寸及配筋构造

（a）芯柱的设置位置；（b）芯柱的截面尺寸与配筋

【实　　例】

【例 2-6】 抗震框架柱纵向钢筋上、下层配置不同但上下柱截面相同时的连接构造识图。

1) 抗震 KZ 上层纵筋根数增加但直径相同或直径小于下层时的连接构造，见图 2-18。

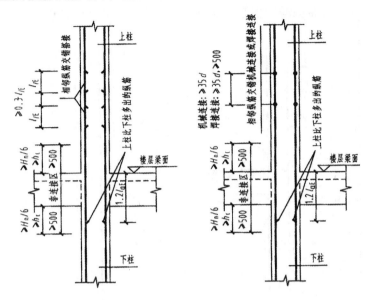

图 2-18　抗震 KZ 上层纵筋根数增加但直径相同或直径小于下层时的连接构造

从图中可以了解以下内容：

①上层柱增加的纵筋向下锚入柱梁节点内，从梁顶面向下锚固长度为 $1.2l_{aE}$。

②当不同直径钢筋采用对焊连接时，应将较粗钢筋端头按 1:6 斜度磨至较小直径。

③h_c 为柱截面长边尺寸（圆柱为截面直径），H_n 为所在楼层的柱净高。

④l_{aE} 为受拉钢筋的抗震锚固长度，l_{lE} 为受拉钢筋的抗震绑扎搭接长度。

2) 抗震 KZ 上层纵筋直径大于下层但根数相同时的连接构造，见图 2-19。

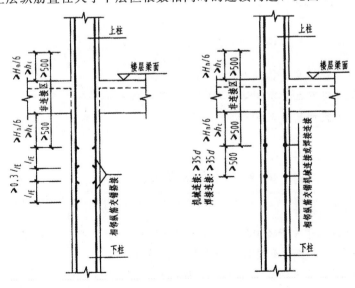

图 2-19　抗震 KZ 上层纵筋直径大于下层但根数相同时的连接构造

从图中可以了解以下内容：

①上层大直径纵筋要下穿非连接区与下层较小直径纵筋在下柱连接区上端进行连接。

②当不同直径钢筋采用对焊连接时，应将较粗钢筋端头按 1 : 6 斜度磨至较小直径。

③l_{lE}、h_c、H_n、l_{aE} 如前述。

3）抗震 KZ 上层纵筋根数减少但直径相同或直径小于下层时的连接构造，见图 2 - 20。

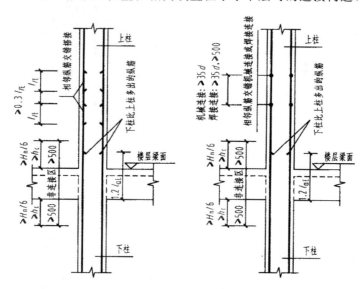

图 2 - 20　抗震 KZ 上层纵筋根数减少但直径相同或直径小于下层时的连接构造

从图中可以了解以下内容：

①下层柱多出的纵筋向上锚入柱梁节点内，从梁底面向上锚固长度 $1.2l_{aE}$。

②当不同直径钢筋采用对焊连接时，应将较粗钢筋端头按 1 : 6 斜度磨至较小直径。

③l_{lE}、h_c、H_n、l_{aE} 如前述。

2.3　框架柱箍筋构造识图

常遇问题

1. 如何设置框架柱的复合箍筋？

2. 如何理解抗震框架柱、剪力墙上柱、梁上柱的箍筋加密区范围？

3. 如何设置地下室抗震框架柱？

【识图方法】

◆复合箍筋的设置

（1）当柱截面短边尺寸大于 400mm 且各边纵向钢筋多于 3 根时，或当柱截面短边尺寸不大于 400mm 但各边纵向钢筋多于 4 根时，应设置复合箍筋。

（2）设置在柱的周边的纵向受力钢筋，除圆形截面外，$b > 400mm$ 时，宜使纵向受力钢筋每隔一根置于箍筋转角处。

（3）复合箍筋可采用多个矩形箍组成或矩形箍加拉筋、三角形筋、菱形筋等。

（4）矩形截面柱的复合箍筋形式如图 2-21 所示。柱横截面复合箍筋排布构造如图 2-22 所示。

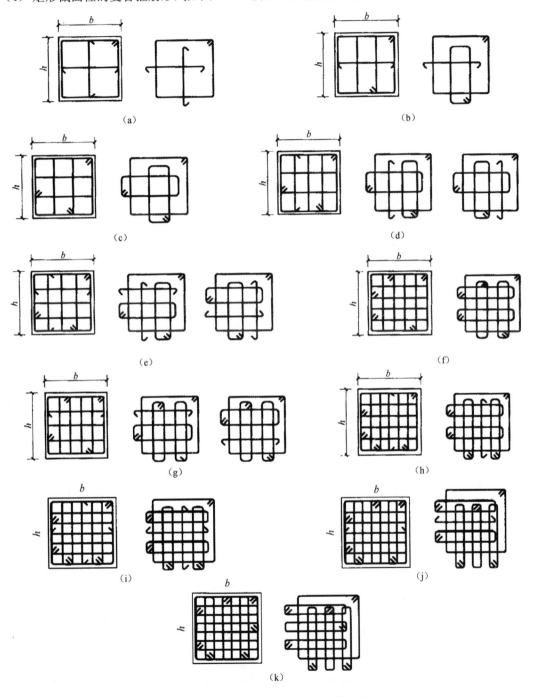

图 2-21 矩形截面柱的复合箍筋形式

（a）箍筋肢数 3×3；（b）箍筋肢数 4×3；（c）箍筋肢数 4×4；（d）箍筋肢数 5×4；

（e）箍筋肢数 5×5；（f）箍筋肢数 6×6；（g）箍筋肢数 6×5；（h）箍筋肢数 7×6；

（i）箍筋肢数 7×7；（j）箍筋肢数 8×7；（k）箍筋肢数 8×8

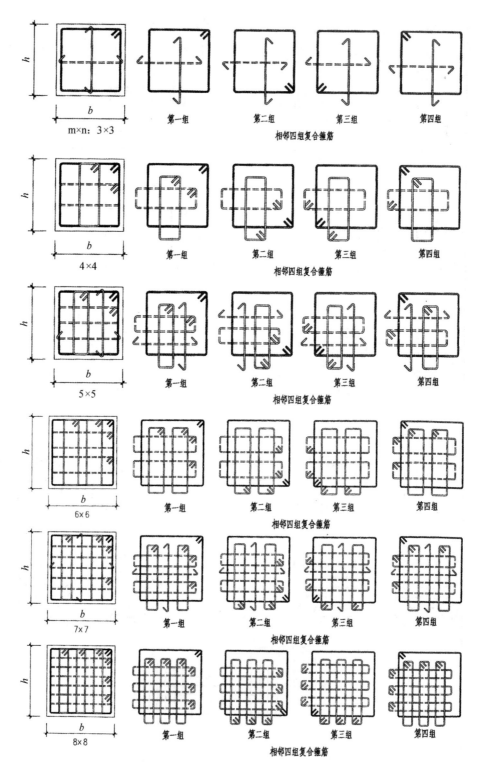

图 2 - 22 柱横截面复合箍筋排布构造

（5）矩形复合箍筋的基本复合方式可为：

1）沿复合箍筋周边，箍筋局部重叠不宜多于两层。以复合箍筋最外围的封闭箍筋为基准，柱内的横向箍筋紧挨其设置在下（或在上），柱内纵向箍筋紧挨其设置在上（或在下）。

2）柱内复合箍筋可全部采用拉筋，拉筋须同时钩住纵向钢筋和外围封闭箍筋。

3）为使箍筋外围局部重叠不多于两层，当拉筋设在旁边时，可沿竖向将相邻两道箍筋按其各自平面位置交错放置，如图 2-21（d）（e）（g）所示。

◆**抗震框架柱、剪力墙上柱、梁上柱的箍筋加密区范围**

抗震框架柱（KZ）、剪力墙上柱（QZ）、梁上柱（LZ）的箍筋加密区范围如图 2-23 所示。

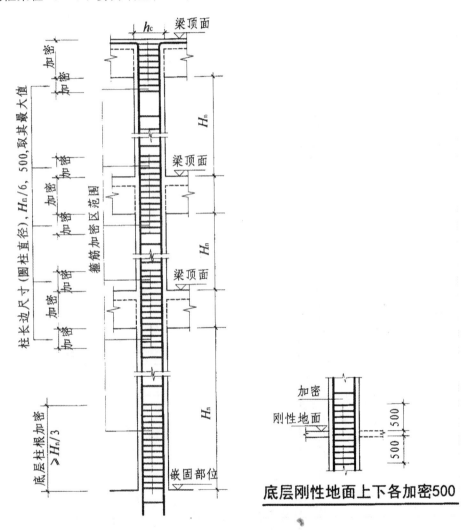

图 2-23 抗震 KZ、QZ、LZ 箍筋加密区范围

1）柱的箍筋加密范围为：柱端取 500mm、截面较大边长（或圆柱直径），柱净高的 1/6 三者的最大值。

2）在嵌固部位的柱下端不小于柱净高的 1/3 范围进行加密。

3）当有刚性地面时，除柱端箍筋加密区外尚应在刚性地面上、下各 500mm 的高度范围内加密箍筋。当边柱遇室内、外均为刚性地面时，加密范围取各自上下的 500mm。当边柱仅一侧有刚性地面时，也应按此要求设置加密区。

4）梁柱节点区域取梁高范围进行箍筋加密。

5）当柱纵筋采用搭接连接时，应在柱纵筋搭接长度范围内均按 $\leqslant 5d$（d 为搭接钢筋较小直径）及 $\leqslant 100mm$ 的间距加密箍筋。一般按设计标注的箍筋间距施工即可。

6）加密区箍筋不需要重叠设置，按加密箍筋要求合并设置。

◆ **地下室抗震框架柱的箍筋设置**

1）地下室抗震框架柱的箍筋加密区间为：基础顶面以上 $\max(H_n/6, 500mm, h_c)$ 范围内、地下室楼面以上以下各 $\max(H_n/6, 500mm, h_c)$ 范围内、嵌固部位以上 $\geqslant H_n/3$ 及其以下 $(H_n/6, 500mm, h_c)$ 高度范围内，如图 2 - 24（a）所示。

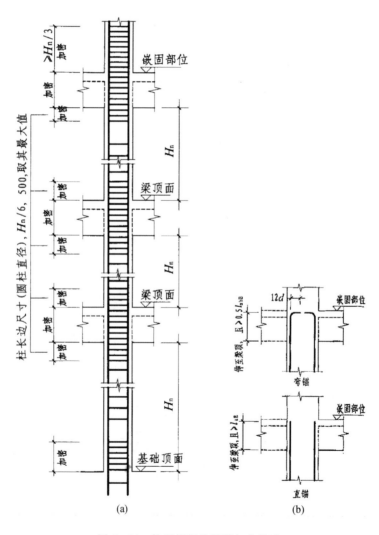

图 2 - 24 抗震框架柱箍筋加密构造

（a）地下室顶板为上部结构的嵌固部位；（b）地下一层增加钢筋在嵌固部位的锚固构造

2）当地下一层增加钢筋时，钢筋在嵌固部位的锚固构造如图 2-24（b）所示。当采用弯锚结构时，钢筋伸至梁顶向内弯折 $12d$，且锚入嵌固部位的竖向长度 $\geqslant 0.5l_{abE}$。当采用直锚结构时，钢筋伸至梁顶且锚入嵌固部位的竖向长度 $\geqslant l_{aE}$。

3）框架柱和地下框架柱箍筋绑扎连接范围（$2.3l_{aE}$）内需加密，加密间距为 $\min(5d,100mm)$。

4）刚性地面以上和以下各 500mm 范围内箍筋需加密，如图 2-25 所示。

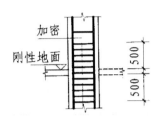

图 2-25 刚性地面上下箍筋加密范围

图 2-25 中所示"刚性地面"是指：基础以上墙体两侧的回填土应分层回填夯实（回填土和压实密度应符合国家有关规定），在压实土层上铺设的混凝土面层厚度不应小于 150mm，这样在基础埋深较深的情况下，设置该刚性地面能对埋入地下的墙体在一定程度上起到侧面嵌固或约束的作用。箍筋在刚性地面上下 500mm 范围内加密是考虑了这种刚性地面的非刚性约束的影响。另外，以下几种形式也可视作刚性地面：

①花岗岩板块地面和其他岩板块地面为刚性地面。

②厚度在 200mm 以上，混凝土强度等级不小于 C20 的混凝土地面为刚性地面。

【实　例】

【例 2-7】 柱箍筋沿柱纵向排布构造识图。

柱箍筋沿柱纵向排布构造详图如图 2-26 所示。

从图中可以了解以下内容：

1）在不同配置要求的箍筋区域分界处应设置一道分界箍筋，分界箍筋应按相邻区域配置要求较高的箍筋配置。

2）柱净高范围最下一组箍筋距底部梁顶 50mm，最上一组箍筋距顶部梁底 50mm。

3）节点区最下、最上一组箍筋距节点区梁顶、梁底不大于 50mm，当顶层柱顶和梁顶标高相同时，节点区最上一组箍筋距梁顶不大于 150mm。节点区内部箍筋间距依据设计要求并综合考虑节点区梁纵向钢筋位置排布设置。

4）具体工程中，柱箍筋加密区设置应以设计要求为准。

5）具体工程中，框架柱的基础顶面或嵌固部位详见设计图上的标注。

6）纵向钢筋搭接长度范围内的箍筋间距 $\leqslant 5d$（d 为搭接钢筋较小直径），且 $\leqslant 100mm$。

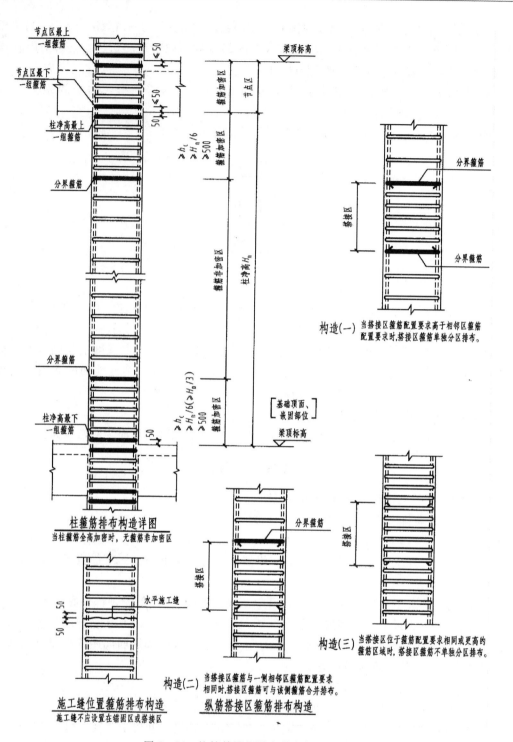

图 2-26 柱箍筋沿柱纵向排布构造详图

3

梁构件钢筋识图

3.1 梁构件平法识图

【识图方法】

◆梁平面注写方式

梁的平面注写方式,系在梁平面布置图上,分别在不同编号的梁中各选一根梁,在其上注写截面尺寸及配筋具体数值的方式来表达梁平法施工图,如图3-1所示。

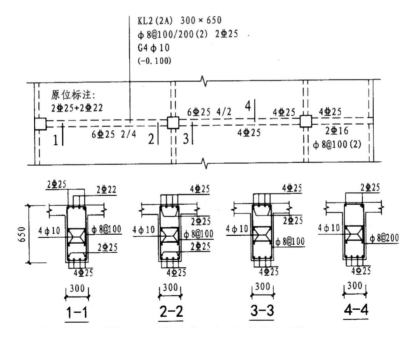

图3-1 梁构件平面注写方式

平面注写包括集中标注与原位标注,集中标注表达梁的通用数值,原位标注表达梁的特殊数值。当集中标注中的某项数值不适用于梁的某部位时,则将该项数值原位标注,施工时,原位标注取值优先。

（1）集中标注

集中标注包括以下内容：

1）梁编号。梁编号为必注值，表达形式见表 3-1。

表 3-1   梁 编 号

梁类型	代 号	序 号	跨数及是否带有悬挑
楼层框架梁	KL	××	(××)、(××A) 或 (××B)
屋面框架梁	WKL	××	(××)、(××A) 或 (××B)
非框架梁	L	××	(××)、(××A) 或 (××B)
框支梁	KZL	××	(××)、(××A) 或 (××B)
悬挑梁	XL	××	
井字梁	JZL	××	(××)、(××A) 或 (××B)

注 (××A) 为一端有悬挑，(××B) 为两端有悬挑，悬挑不计入跨数。井字梁的跨数见有关内容。

2）梁截面尺寸。截面尺寸的标注方法如下：

当为等截面梁时，用 $b \times h$ 表示。

当为竖向加腋梁时，用 $b \times h\ \mathrm{GY}c_1 \times c_2$ 表示，其中 c_1 表示腋长，c_2 表示腋高，如图 3-2 所示。

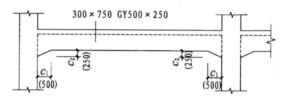

图 3-2　竖向加腋梁标注

当为水平加腋梁时，用 $b \times h\ \mathrm{PY}c_1 \times c_2$ 表示，其中 c_1 表示腋长，c_2 表示腋宽，如图 3-3 所示。

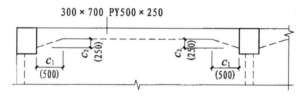

图 3-3　水平加腋梁标注

当有悬挑梁且根部和端部的高度不同时，用斜线分隔根部与端部的高度值，即为 $b \times h_1/h_2$，如图 3-4 所示。

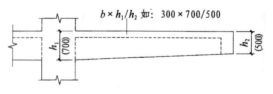

图 3-4　悬挑梁不等高截面标注

3）梁箍筋，包括钢筋级别、直径、加密区与非加密区间距及肢数，该项为必注值。箍筋加密区与非加密区的不同间距及肢数需用斜线 "/" 分隔；当梁箍筋为同一种间距及肢数时，则不需用斜线；当加密区与非加密区的箍筋肢数相同时，则将肢数注写一次；箍筋肢数应写在括号内。加密区范围见相应抗震等级的标准构造详图。

当抗震设计中的非框架梁、悬挑梁、井字梁，及非抗震设计中的各类梁采用不同的箍筋间距及肢数时，也用斜线"/"将其分隔开来。注写时，先注写梁支座端部的箍筋（包括箍筋的箍数、钢筋级别、直径、间距与肢数），在斜线后注写梁跨中部分的箍筋间距及肢数。

4）梁上部通长筋或架立筋。梁构件的上部通长筋或架立筋配置（通长筋可为相同或不同直径采用搭接连接、机械连接或焊接的钢筋），所注规格与根数应根据结构受力要求及箍筋肢数等构造要求而定。当同排纵筋中既有通长筋又有架立筋时，应用加号"＋"将通长筋和架立筋相连。注写时需将角部纵筋写在加号的前面，架立筋写在加号后面的括号内，以示不同直径及与通长筋的区别。当全部采用架立筋时，则将其写入括号内。

当梁的上部纵筋和下部纵筋为全跨相同，且多数跨配筋相同时，此项可加注下部纵筋的配筋值，用分号"；"将上部与下部纵筋的配筋值分隔开来表达。少数跨不同者，则将该项数值原位标注。

5）梁侧面纵向构造钢筋或受扭钢筋配置。当梁腹板高度 $h_w \geqslant 450mm$ 时，需配置纵向构造钢筋，所注规格与根数应符合规范规定。此项注写值以大写字母 G 打头，接续注写设置在梁两个侧面的总配筋值，且对称配置。

当梁侧面需配置受扭纵向钢筋时，此项注写值以大写字母 N 打头，接续注写配置在梁两个侧面的总配筋值，且对称配置。受扭纵向钢筋应满足梁侧面纵向构造钢筋的间距要求，且不再重复配置纵向构造钢筋。

注：1. 当为梁侧面构造钢筋时，其搭接与锚固长度可取为 $15d$。

　　2. 当为梁侧面受扭纵向钢筋时，其搭接长度为 l_l 或 l_{lE}（抗震）；锚固长度为 l_a 或 l_{aE}（抗震）；其锚固方式同框架梁下部纵筋。

6）梁顶面标高高差，指相对于结构层楼面标高的高差值，对于位于结构夹层的梁，则指相对于结构夹层楼面标高的高差。有高差时，需将其写入括号内，无高差时不注。

注：当某梁的顶面高于所在结构层的楼面标高时，其标高高差为正值，反之为负值。

（2）原位标注

原位标注的内容包括：

1）梁支座上部纵筋，是指标注该部位含通长筋在内的所有纵筋。

①当上部纵筋多于一排时，用斜线"/"将各排纵筋自上而下分开。

②当同排纵筋有两种直径时，用"＋"将两种直径的纵筋相联，注写时角筋写在前面。

③当梁中间支座两边的上部纵筋不同时，须在支座两边分别标注；当梁中间支座两边的上部纵筋相同时，可仅在支座的一边标注配筋值，另一边省去不注，如图 3-5 所示。

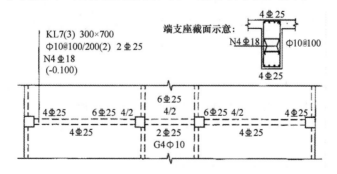

图 3-5　梁中间支座两边的上部纵筋不同注写方式

2）梁下部纵筋

①当下部纵筋多于一排时，用斜线"/"将各排纵筋自上而下分开。

②当同排纵筋有两种直径时，用加号"＋"将两种直径的纵筋相连，注写时角筋写在前面。

③当梁下部纵筋不全部伸入支座时，将梁支座下部纵筋减少的数量写在括号内。

④当梁的集中标注中已分别注写了梁上部和下部均为通长的纵筋值时，则不需在梁下部重复做原位标注。

⑤当梁设置竖向加腋时，加腋部位下部斜纵筋应在支座下部以 Y 打头注写在括号内（图 3-6），图集中框架梁竖向加腋结构适用于加腋部位参与框架梁计算，其他情况设计者应另行给出构造。当梁设置水平加腋时，水平加腋内上、下部斜纵筋应在加腋支座上部以 Y 打头注写在括号内，上下部斜纵筋之间用"/"分隔（图 3-7）。

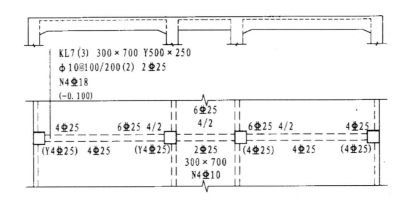

图 3-6 梁加腋平面注写方式

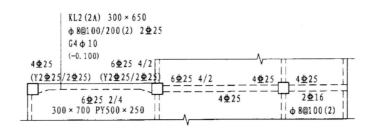

图 3-7 梁水平加腋平面注写方式

3）修正内容。当在梁上集中标注的内容（梁截面尺寸、箍筋、上部通长筋或架立筋，梁侧面纵向构造钢筋或受扭纵向钢筋，以及梁顶面标高高差中的某一项或几项数值）不适用于某跨或某悬挑部分时，则将其不同数值原位标注在该跨或该悬挑部位，施工时应按原位标注数值取用。

当在多跨梁的集中标注中已注明加腋，而该梁某跨的根部却不需要加腋时，则应在该跨原位标注等截面的 $b \times h$，以修正集中标注中的加腋信息（图 3-6）。

4）附加箍筋或吊筋。平法标注是将其直接画在平面图中的主梁上，用线引注总配筋值（附加箍筋的肢数注在括号内）（图 3-8）。当多数附加箍筋或吊筋相同时，可在梁平法施工图上统一注明，少数与统一注明值不同时，再原位引注。

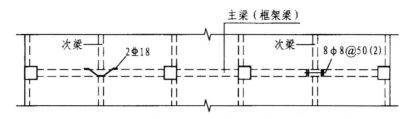

图 3-8　附加箍筋和吊筋的画法示例

（3）井字梁注写方式

井字梁通常由非框架梁构成，并以框架梁为支座（特殊情况下以专门设置的非框架大梁为支座）。在此情况下，为明确区分井字梁与作为井字梁支座的梁，井字梁用单粗虚线表示（当井字梁顶面高出板面时可用单粗实线表示），作为井字梁支座的梁用双细虚线表示（当梁顶面高出板面时可用双细实线表示）。

井字梁系指在同一矩形平面内相互正交所组成的结构构件，井字梁所分布范围称为"矩形平面网格区域"（简称"网格区域"）。当在结构平面布置中仅有由四根框架梁框起的一片网格区域时，所有在该区域相互正交的井字梁均为单跨；当有多片网格区域相连时，贯通多片网格区域的井字梁为多跨，且相邻两片网格区域分界处即为该井字梁的中间支座。对某根井字梁编号时，其跨数为其总支座数减 1；在该梁的任意两个支座之间，无论有几根同类梁与其相交，均不作为支座（图 3-9）。

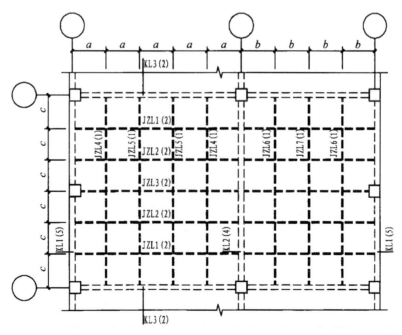

图 3-9　井字梁矩形平面网格区域

◆梁截面注写方式

梁截面注写方式是在分标准层绘制的梁平面布置图上，分别在不同编号的梁中各选择一根梁用剖面号引出配筋图，并在其上注写截面尺寸和配筋具体数值的方式来表达梁平法施工图。在截面注写的配筋图中可注写的内容有：梁截面尺寸、上部钢筋和下部钢筋、侧面构造钢筋或受扭钢筋、箍筋等，其表达方式与梁平面注写方式相同，如图3-10所示。

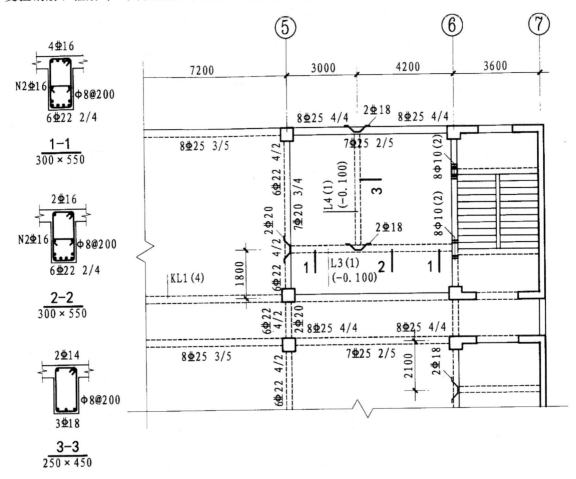

图3-10 梁截面注写方式

对所有梁进行编号，从相同编号的梁中选择一根梁，先将"单边截面号"画在该梁上，再将截面配筋详图画在本图或其他图上。当某梁的顶面标高与结构层的楼面标高不同时，尚应继其梁编号后注写梁顶面标高高差（注写规定与平面注写方式相同）。

在截面配筋详图上注写截面尺寸 $b \times h$、上部筋、下部筋、侧面构造筋或受扭筋以及箍筋的具体数值时，其表达形式与平面注写方式相同。

截面注写方式既可以单独使用，也可与平面注写方式结合使用。

注：在梁平法施工图的平面图中，当局部区域的梁布置过密时，除了采用截面注写方式表达外，也可将加密区用虚线框出，适当放大比例后再用平面注写方式表示。当表达异形截面梁的尺寸与配筋时，用截面注写方式相对比较方便。

【实　　例】

【例3-1】 φ10@100/200（4），表示箍筋为HPB300级钢筋，直径φ10，加密区间距为100mm，非加密区间距为200mm，均为四肢箍。

【例3-2】 18φ12@150(4)/200(2)，表示箍筋为HPB300级钢筋，直径φ12；梁的两端各有

18 个四肢箍，间距为 150mm；梁跨中部分，间距为 200mm，双肢箍。

【例 3-3】 2 Φ22 用于双肢箍；2 Φ22＋（4 Φ12）用于六肢箍，其中 2 Φ22 为通长筋，4 Φ12 为架立筋。

【例 3-4】 3 Φ22；3 Φ20 表示梁的上部配置 3 Φ22 的通长筋，梁的下部配置 3 Φ20 的通长筋。

【例 3-5】 G 4 Φ12，表示梁的两个侧面共配置 4 Φ12 的纵向构造钢筋，每侧各配置 2 Φ12。

【例 3-6】 N 6 Φ22，表示梁的两个侧面共配置 6 Φ22 的受扭纵向钢筋，每侧各配置 3 Φ22。

【例 3-7】 梁下部纵筋注写为 6 Φ25 2（-2）/4，表示上排纵筋为 2 Φ25，且不伸入支座；下一排纵筋为 4 Φ25，全部伸入支座。

梁下部纵筋注写为 2 Φ25＋3 Φ22（-3）/5 Φ25，表示上排纵筋为 2 Φ25 和 3 Φ22，其中 3 Φ22 不伸入支座；下一排纵筋为 5 Φ25，全部伸入支座。

3.2 框架梁钢筋构造识图

常遇问题

1. 抗震楼层框架梁纵向钢筋构造有哪些做法？
2. 抗震屋面框架梁纵向钢筋构造有哪些做法？
3. 抗震框架梁和屋面框架梁箍筋构造有哪些要求？
4. 非抗震楼层框架梁纵向钢筋构造有哪些做法？
5. 非抗震屋面框架梁纵向钢筋构造有哪些做法？
6. 非抗震框架梁和屋面框架梁箍筋构造有哪些要求？

【识图方法】

◆抗震楼层框架梁纵向钢筋构造

楼层框架梁纵向钢筋的构造要求包括：上部纵筋构造、下部纵筋构造和节点锚固要求，如图 3-11 所示。

1）跨度值 l_n 为左跨 l_{ni} 和右跨 l_{ni+1} 之较大值，其中 $i=1$、2、3……

2）图中 h_c 为柱截面沿框架方向的高度，如图注。

3）梁上部通长钢筋与非贯通钢筋直径相同时，连接位置宜位于跨中 $l_{ni}/3$ 范围内；梁下部钢筋连接位置宜位于支座 $l_{ni}/3$ 范围内；且在同一连接区段内钢筋接头面积百分率不宜大于 50%。

4）梁上部第二排钢筋的截断点距柱边 $l_{n1}/4$ 或 $l_n/4$；当梁上部设有第三排钢筋时，其截断位置应由设计者注明。

5）一级框架梁宜采用机械连接，二、三、四级可采用绑扎搭接或焊接连接。

6）当受拉钢筋直径大于 25mm 及受压钢筋直径大于 28mm 时，不宜采用绑扎搭接。

7）凡接头中点位于连接区段长度内，连接接头均属于同一连接区段。

8）同一连接区段内纵向钢筋接头面积百分率，为该区段内有连接接头的纵向受力钢筋截面

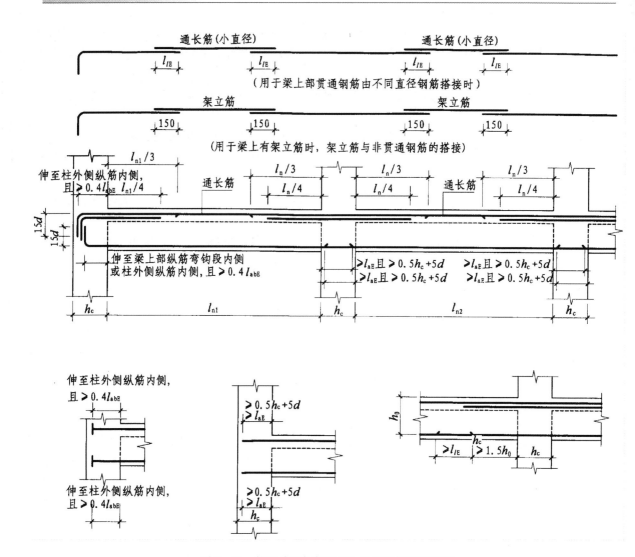

图 3-11　抗震楼层框架梁 KL 纵向钢筋标准构造

面积与全部纵向钢筋截面面积的比值。

9）机械连接和焊接接头的类型和质量应符合国家现行有关标准的规定。

10）纵向受力钢筋连接位置宜避开梁端的箍筋加密区。如果必须在此进行钢筋的连接，则应该采用机械连接或焊接连接。

11）当梁纵筋（不包括侧面 G 打头的构造筋及架立筋）采用绑扎搭接时，搭接区内箍筋直径不小于 $d/4$，d 为搭接钢筋最大直径，间距不应大于 100mm 及 $5d$（d 为搭接钢筋较小直径）。

12）本图适用于梁的各跨截面尺寸均相同的情况，不包括中间支座左右跨的梁高或梁宽不同的情况。

13）梁上部和下部纵筋在框架中间层的端支座处的锚固有弯锚、直锚或加锚板三种形式。

◆**抗震屋面框架梁纵向钢筋构造**

抗震屋面框架梁纵筋构造如图 3-12 所示。

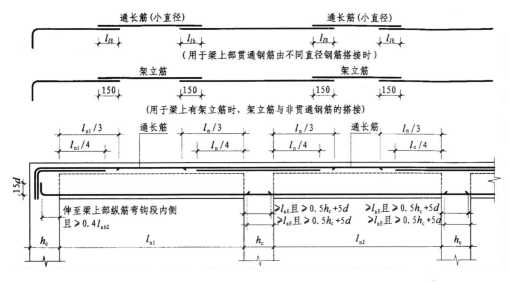

图 3-12　抗震屋面框架梁纵筋构造

1）梁上下部通长纵筋的构造。上部通长纵筋伸至尽端，弯折伸至梁底，下部通长纵筋伸至梁上部纵筋弯钩段内侧，弯折 15d，锚入柱内的水平段均应不小于 $0.4l_{abE}$；当柱宽度较大时，上部纵筋和下部纵筋在中间支座处伸入柱内的直锚长度不小于 l_{aE} 且不小于 $0.5h_c+d$（h_c 为柱截面沿框架方向的高度，d 为钢筋直径）。

2）端支座负筋的延伸长度：第一排支座负筋从柱边开始延伸至 $l_{n1}/3$ 位置；第二排支座负筋从柱边开始延伸至 $l_{n1}/4$ 位置（l_{n1} 为边跨的净跨长度）。

3）中间支座负筋的延伸长度：第一排支座负筋从柱边开始延伸至 $l_n/3$ 位置；第二排支座负筋从柱边开始延伸至 $l_n/4$ 位置（l_n 为支座两边的净跨长度 l_{n1} 和 l_{n2} 的最大值）。

4）当梁上部贯通钢筋由不同直径搭接时，通长筋与支座负筋的搭接长度为 l_{lE}。

5）当梁上有架立筋时，架立筋与非贯通钢筋搭接，搭接长度为 150mm。

6）屋面楼层框梁下部纵筋在端支座的锚固要求有：

①直锚形式。屋面框架梁中，当柱截面沿框架方向的高度，h_c 比较大，即 h_c 减柱保护层 c 大于等于纵向受力钢筋的最小锚固长度时，下部纵筋在端支座可以采用直锚形式。直锚长度取值应满足条件 $\max(l_{aE}, 0.5h_c+5d)$，如图 3-13 所示。

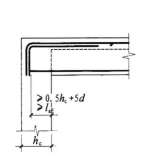

图 3-13　纵筋在端支座直锚构造

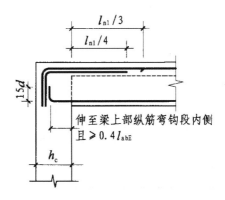

图 3-14　纵筋在端支座弯锚构造

②弯锚形式。当柱截面沿框架方向的高度 h_c 比较小，即 h_c 减柱保护层 c 小于纵向受力钢筋的最小锚固长度时，纵筋在端支座应采用弯锚形式。下部纵筋伸入梁柱节点的锚固要求为水平长度取值 $\geqslant 0.4 l_{abE}$，竖直长度为 $15d$。通常，弯锚的纵筋伸至柱截面外侧钢筋的内侧，如图 3-14 所示。

应注意：弯折锚固钢筋的水平长度取值 $\geqslant 0.4 l_{abE}$，是设计构件截面尺寸和配筋时要考虑的条件而不是钢筋量计算的依据。

③加锚头/锚板形式。屋面框架梁中，下部纵筋在端支座可以采用加锚头/锚板锚固形式。锚头/锚板伸至柱截面外侧纵筋的内侧，且锚入水平长度取值 $\geqslant 0.4 l_{abE}$，如图 3-15 所示。

7）屋面框架梁下部纵筋在中间支座节点外搭接。屋面框架梁下部纵筋不能在柱内锚固时，可在节点外搭接，如图 3-16 所示。相邻跨钢筋直径不同时，搭接位置位于较小直径的一跨。

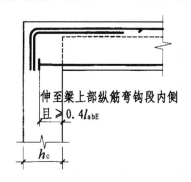

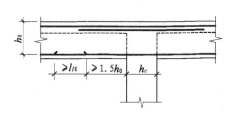

图 3-15　纵筋在端支座加锚头/锚板构造　　图 3-16　中间层中间节点梁下部筋在节点外搭接构造

◆**抗震框架梁和屋面框架梁箍筋构造要求**

抗震框架梁和屋面框架梁箍筋构造要求，如图 3-17 和图 3-18 所示。

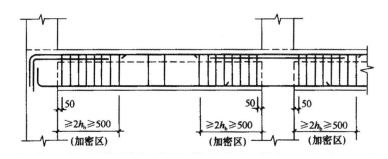

图 3-17　抗震框架梁和屋面框架梁箍筋构造要求（尽端为柱）

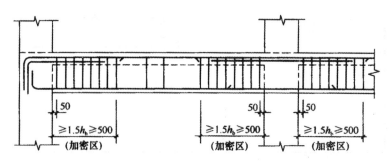

图 3-18　抗震框架梁和屋面框架梁箍筋构造要求（尽端为梁）

1）箍筋加密范围。梁支座负筋设箍筋加密区：

一级抗震等级：加密区长度为 $\max(2h_b，500mm)$；

二至四级抗震等级：加密区长度为 $\max(1.5h_b，500mm)$。其中，h_b 为梁截面高度。

2）箍筋位置。框架梁第一道箍筋距离框架柱边缘为 50mm。注意在梁柱节点内，框架梁不设箍筋。

3）弧形框架梁中心线展开计算梁端部箍筋加密区范围，其箍筋间距按其凸面度量。

4）箍筋复合方式。多于两肢箍的复合箍筋应采用外封闭大箍套小箍的复合方式。

◆非抗震楼层框架梁纵向钢筋构造

非抗震楼层框架梁纵向钢筋构造要求如图 3-19 所示。

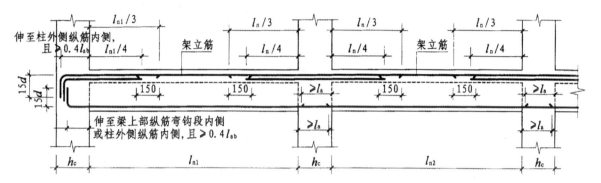

图 3-19　非抗震楼层框架梁纵向钢筋构造

1）框架梁端部或中间支座上部非通长纵筋自柱边算起，其长度统一取值：非贯通纵筋位于第一排时为 $l_n/3$，非贯通纵筋位于第二排时为 $l_n/4$，若有多于三排的非通长钢筋设计，则依据设计确定具体的截断位置。

2）l_n 取值：端支座处，l_n 取值为本跨净跨值，中间支座处，l_n 取值为左右两跨梁净跨值的较大值。

◆非抗震屋面框架梁纵向钢筋构造

非抗震屋面框架梁纵向钢筋构造如图 3-20 所示。

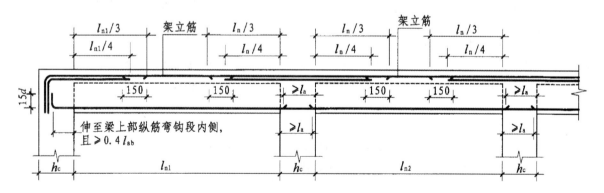

图 3-20　非抗震屋面框架梁纵向钢筋构造

非抗震屋面框架梁端部或中间支座上部非通长纵筋自柱边算起，其长度统一取值：非贯通纵筋位于第一排时为 $l_n/3$，非贯通纵筋位于第二排时为 $l_n/4$，若有多于三排的非通长钢筋设计，则依据设计确定具体的截断位置。

l_n 取值：端支座处，l_n 取值为本跨净跨值，中间支座处，l_n 取值为左右两跨梁净跨值的较大值。

◆ **非抗震框架梁和屋面框架梁箍筋构造要求**

非抗震框架梁和屋面框架梁箍筋的构造要求如图 3-21 所示。

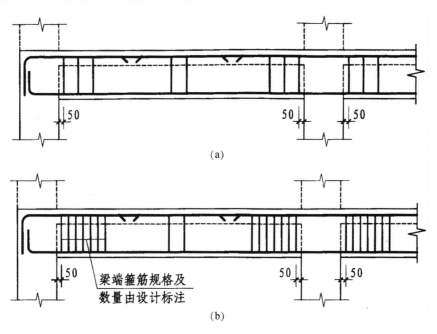

图 3-21 非抗震框架梁和屋面框架梁箍筋
(a) 一种箍筋间距；(b) 两种箍筋间距

1) 箍筋直径。非抗震框架梁通常全跨仅配置一种箍筋；当全跨配有两种箍筋时，其注写方式为在跨两端设置直径较大或间距较小的箍筋，并注明箍筋的根数，然后在跨中设置配置较小的箍筋。图中没有作为抗震构造要求的箍筋加密区。

2) 箍筋位置。框架梁第一道箍筋距离框架柱边缘为 50mm。注意在梁柱节点内，框架梁不设箍筋。

3) 弧形框架梁中心线展开，其箍筋间距按其凸面度量。

4) 箍筋复合方式。多肢复合箍筋采用外封闭大箍筋加小箍筋的方式，当为现浇板时，内部的小箍筋可为上开口箍或单肢箍形式。井字梁箍筋构造与非框架梁相同。

【实 例】

【例 3-8】 抗震与非抗震框架梁水平、竖向加腋构造识图。

抗震与非抗震框架梁水平、竖向加腋构造如图 3-22 所示。

从图中可以了解以下内容：

1) 括号内为非抗震梁纵筋的锚固长度。

2) 本图中框架梁竖向加腋构造适用于加腋部分参与框架梁计算，配筋由设计标注；其他情况设计应另行给出算法。

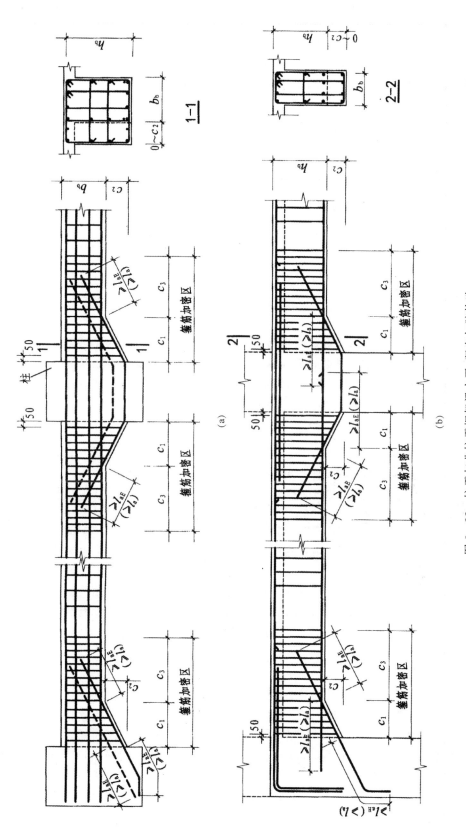

图 3－22 抗震与非抗震框架梁水平、竖向加腋构造
（a）框架梁水平加腋构造；（b）框架梁竖向加腋构造

3）加腋部位箍筋规格及肢距与梁端部的箍筋相同。

4）当梁结构平法施工图中，水平加腋部位的配筋设计未给出时，其梁腋上下部斜纵筋（仅设置第一排）直径分别同梁内上下纵筋，水平间距不宜大于 200mm；水平加腋部位侧面纵向构造钢筋的设置及构造要求同梁内侧面纵向构造钢筋。

3.3　非框架梁及悬挑梁钢筋构造识图

【识图方法】

◆ **非框架梁配筋构造**

如图 3-23 所示，非框架梁的下部纵向钢筋在中间支座和端支座的锚固长度，是按照不利用钢筋的抗拉强度考虑的，规定对于带肋钢筋应满足 $12d$，对于光面钢筋应满足 $15d$（此处无过柱中心线的要求）。当计算中充分利用下部纵向钢筋的抗压强度或抗拉强度，或具体工程有特殊要求时，其锚固长度由设计者按照《混凝土结构设计规范》（GB 50010—2010）的相关规定进行变更。

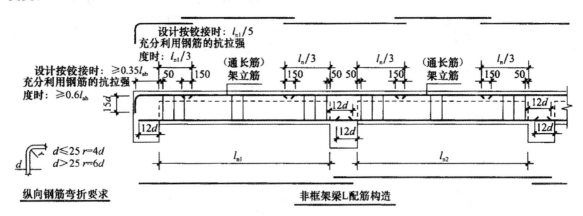

图 3-23　非框架梁配筋构造

1）非框架梁在支座的锚固长度按一般梁考虑。

2）次梁不需要考虑抗震构造措施，包括锚固、不设置箍筋加密区、有多少比例的上部通长筋的确定；在设计上考虑到支座处的抗剪力较大，需要加密处理，但这不是框架梁加密的要求。

3）上部钢筋满足直锚长度 l_a 可不弯折，不满足时，可采用 90° 弯折锚固，弯折时含弯钩在内的投影长度可取 $0.6l_{ab}$（当按铰接设计时，不考虑钢筋的抗拉强度，取 $0.35l_{ab}$），弯钩内半径不小于 $4d$，弯后直线段长度为 $12d$（投影长度为 $15d$）（在砌体结构中，采用 135° 弯钩时，弯后直线长度为 $5d$）。

4）对于弧形和折线形梁，下部纵向受力钢筋在支座的直线锚固长度应满足 l_a，也可以采用弯折锚固；注意弧形和折线形梁下部纵向钢筋伸入支座的长度与直线形梁的区别。直线形梁下部纵向钢筋伸入支座的长度：对于带肋钢筋应满足 $12d$，对于光面钢筋应满足 $15d$；弧形和折线形梁下部纵向钢筋伸入支座的长度同上部钢筋。

5）锚固长度在任何时候均不应小于基本锚固长度 l_{ab} 的 60％及 200mm（受拉钢筋锚固长度的最低限度）。

◆**纯悬挑梁配筋构造**

纯悬挑梁配筋构造如图 3-24 所示。

（1）上部纵筋构造

1）第一排上部纵筋，"至少 2 根角筋，并不少于第一排纵筋的 1/2"的上部纵筋一直伸到悬挑梁端部，再拐直角弯直伸到梁底，"其余纵筋弯下"（即钢筋在端部附近下弯 90°斜坡）。

2）第二排上部纵筋伸到悬挑端长度的 0.75 处。

3）上部纵筋在支座中"伸至柱外侧纵筋内侧，且不小于 $0.4l_{ab}$"处进行锚固，当纵向钢筋直锚长度不小于 l_a 且不小于 $0.5h_c+5d$ 时，可不必往下弯锚。

（2）下部纵筋构造

下部纵筋在制作中的锚固长度为 $15d$。

◆**其他各类梁的悬挑端配筋构造**

各类梁的悬挑端配筋构造，如图 3-25 所示。

图中：

图 3-25（a）：可用于中间层或屋面；

图 3-25（b）：当 $\Delta_h/(h_c-50)>1/6$ 时，仅用于中间层；当 $l<4h_b$ 时，可不将钢筋在端部弯下。

图 3-25（c）：当 $\Delta_h/(h_c-50)\leqslant1/6$ 时，上部纵筋连续布置，用于中间层，当支座为梁时也可用于屋面。

图 3-25（d）：当 $\Delta_h/(h_c-50)>1/6$ 时，仅用于中间层。

图 3-25（e）：当 $\Delta_h/(h_c-50)\leqslant1/6$ 时，上部纵筋连续布置，用于中间层，当支座为梁时也可用于屋面。

图 3-25（f）：当 $\Delta_h\leqslant h_b/3$ 时，用于屋面，当支座为梁时也可用于中间层。

图 3-25（g）：当 $\Delta_h\leqslant h_b/3$ 时，用于屋面，当支座为梁时也可用于中间层。

图 3-25（h）：为悬挑梁端附加箍筋范围构造。

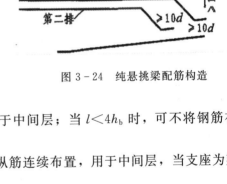

图 3-24 纯悬挑梁配筋构造

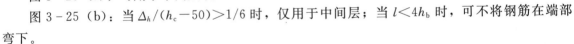

【实　　例】

【例 3-9】 悬挑梁钢筋排布构造识图。

悬挑梁钢筋排布构造如图 3-26 所示。

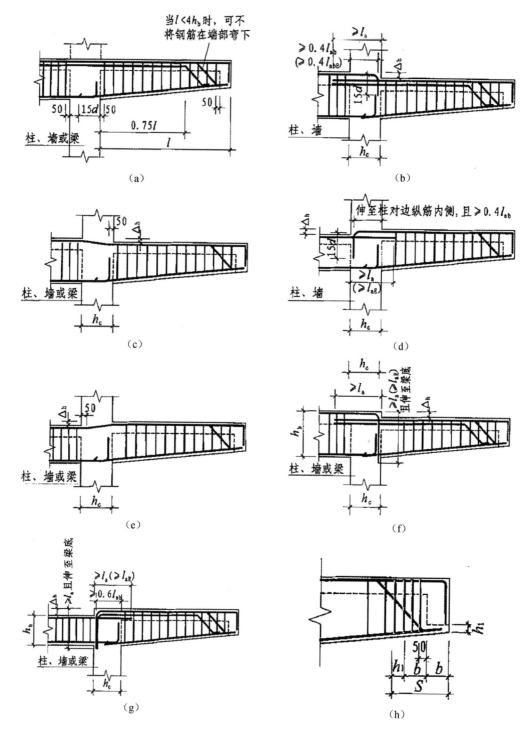

图 3-25 各类梁的悬挑端配筋构造

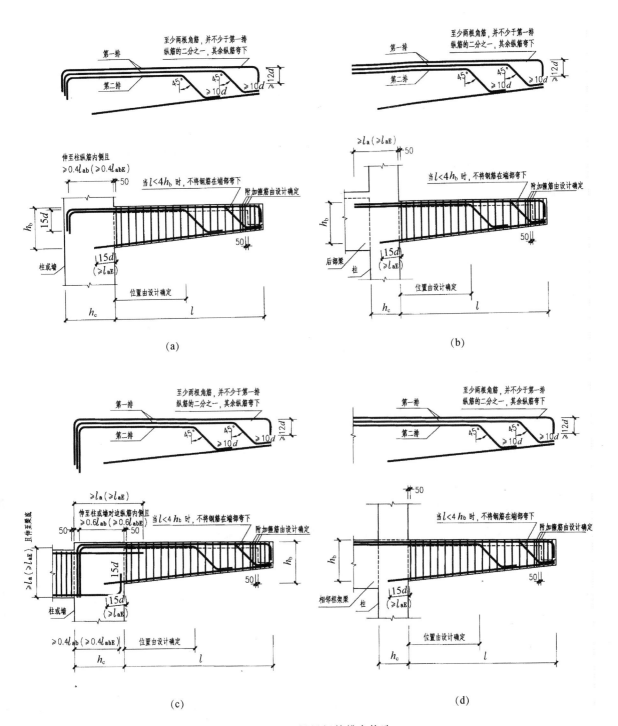

图 3-26 悬挑梁钢筋排布构造

（a）悬挑梁钢筋直接锚固到柱或墙；（b）悬挑梁钢筋直接锚固在后部梁中；

（c）屋面悬挑梁钢筋直接锚固到柱或墙；（d）悬挑梁顶面与相邻框架梁顶面平且采用框架梁钢筋

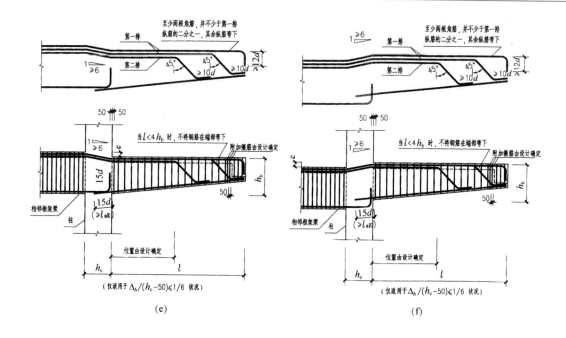

图 3-26 悬挑梁钢筋排布构造（续）

（e）悬挑梁顶面低于相邻框架梁顶面且钢筋采用框架梁钢筋；

（f）悬挑梁顶面高于相邻框架梁顶面且钢筋采用框架梁钢筋

从图中可以了解以下内容：

1）当梁上部设有第三排钢筋时，其延伸长度应由设计者注明。

2）抗震设防烈度为 9 度，$l \geqslant 1.5\mathrm{m}$；抗震设防烈度为 8 度，$l \geqslant 2.0\mathrm{m}$；或抗震设防烈度为 7 度（0.15g）时应注重竖向地震对悬挑梁的作用。悬挑梁下部纵筋锚固具体是否采用 l_{aE}，由设计确定。

3）悬挑梁纵筋弯折构造和端部附加箍筋构造要求由设计确定。

4

剪力墙构件钢筋识图

4.1 剪力墙平法识图

常遇问题

1. 剪力墙如何进行编号？
2. 剪力墙柱表包括哪些内容？
3. 剪力墙身表包括哪些内容？
4. 剪力墙梁表包括哪些内容？
5. 剪力墙截面注写方式包括哪些内容？
6. 剪力墙洞口如何表示？
7. 地下室外墙如何表示？

【识图方法】

◆剪力墙列表注写方式

（1）剪力墙柱表

剪力墙柱表包括以下内容：

1）墙柱编号和绘制墙柱的截面配筋图。剪力墙柱编号，由墙柱类型代号和序号组成，表达形式见表 4-1。

表 4-1   **剪 力 墙 柱 编 号**

墙 柱 类 型	编 号	序 号
约束边缘构件	YBZ	××
构造边缘构件	GBZ	××
非边缘暗柱	AZ	××
扶壁柱	FBZ	××

注 约束边缘构件包括约束边缘暗柱、约束边缘端柱、约束边缘翼墙、约束边缘转角墙四种（图 4-1）。构造边缘构件包括构造边缘暗柱、构造边缘端柱、构造边缘翼墙、构造边缘转角墙四种（图 4-2）。

①约束边缘构件（图 4-1），需注明阴影部分尺寸。

注：剪力墙平面布置图中应注明约束边缘构件沿墙肢长度 l_c（约束边缘翼墙中沿墙肢长度尺寸为 $2b_f$ 时可不注）。

②构造边缘构件（图 4-2），需注明阴影部分尺寸。

③扶壁柱及非边缘暗柱需标注几何尺寸。

2）各段墙柱的起止标高。注写各段墙柱的起止标高，自墙柱根部往上以变截面位置或截面未变但配筋改变处为界分段注写。墙柱根部标高系指基础顶面标高（部分框支剪力墙结构则为框支梁顶面标高）。

3）各段墙柱的纵向钢筋和箍筋。注写各段墙柱的纵向钢筋和箍筋，注写值应与在表中绘制的截面配筋图对应一致。纵向钢筋注写总配筋值；墙柱箍筋的注写方式与柱箍筋相同。

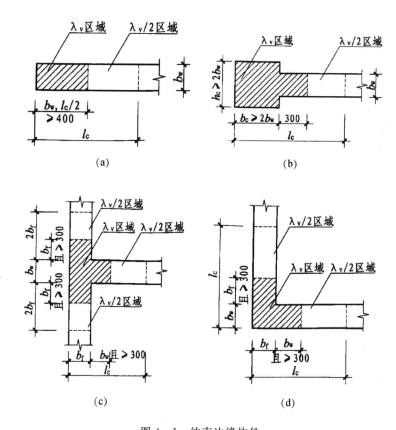

图 4-1 约束边缘构件

(a) 约束边缘暗柱；(b) 约束边缘端柱；(c) 约束边缘翼墙；(d) 约束边缘转角墙

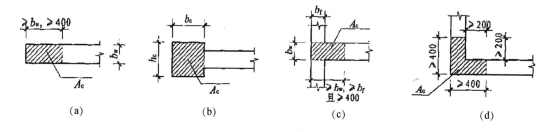

图 4-2 构造边缘构件

(a) 构造边缘暗柱；(b) 构造边缘端柱；(c) 构造边缘翼墙；(d) 构造边缘转角墙

约束边缘构件除注写阴影部位的箍筋外，尚需在剪力墙平面布置图中注写非阴影区内布置的拉筋（或箍筋）。

设计施工时应注意：

①当约束边缘构件体积配箍率计算中计入墙身水平分布钢筋时，设计者应注明。此时还应注明墙身水平分布钢筋在阴影区域内设置的拉筋。施工时，墙身水平分布钢筋应注意采用相应的构造做法。

②当非阴影区外圈设置箍筋时，设计者应注明箍筋的具体数值及其余拉筋。施工时，箍筋应包住阴影区内第二列竖向纵筋。当设计采用与本构造详图不同的做法时，应另行注明。

（2）剪力墙身表

剪力墙身表包括以下内容：

1）墙身编号。剪力墙身编号，由墙身代号、序号以及墙身所配置的水平与竖向分布钢筋的排数组成，其中，排数注写在括号内。表达形式见表 4-2。

表 4-2　　　　　　　　　　　　　　剪 力 墙 身 编 号

类型	代号	序号	说　　明
剪力墙身	Q(××)	××	为剪力墙除去边缘构件的墙身部分，表示剪力墙配置钢筋网的排数

在编号中，如若干墙柱的截面尺寸与配筋均相同，仅截面与轴线的关系不同时，可将其编为同一墙柱号；又如若干墙身的厚度尺寸和配筋均相同，仅墙厚与轴线的关系不同或墙身长度不同时，也可将其编为同一墙身号，但应在图中注明与轴线的几何关系。

当墙身所设置的水平与竖向分布钢筋的排数为 2 时可不注。

对于分布钢筋网的排数有以下规定。非抗震：当剪力墙厚度大于 160mm 时，应配置双排；当其厚度不大于 160mm 时，宜配置双排。抗震：当剪力墙厚度不大于 400mm 时，应配置双排；当剪力墙厚度大于 400mm，但不大于 700mm 时，宜配置三排；当剪力墙厚度大于 700mm 时，宜配置四排。

各排水平分布钢筋和竖向分布钢筋的直径与间距宜保持一致。

当剪力墙配置的分布钢筋多于两排时，剪力墙拉筋两端应同时勾住外排水平纵筋和竖向纵筋，还应与剪力墙内排水平纵筋和竖向纵筋绑扎在一起。

2）各段墙身起止标高。注写各段墙身起止标高，自墙身根部往上以变截面位置或截面未变但配筋改变处为界分段注写。墙身根部标高系指基础顶面标高（部分框支剪力墙结构则为框支梁顶面标高）。

3）配筋。注写水平分布钢筋、竖向分布钢筋和拉筋的具体数值。注写数值为一排水平分布钢筋和竖向分布钢筋的规格与间距，具体设置几排已经在墙身编号后面表达。

拉筋应注明布置方式"双向"或"梅花双向"，如图 4-3 所示（图中 a 为竖向分布钢筋间距，b 为水平分布钢筋间距）。

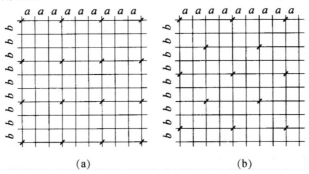

（a）　　　　　　　　　　　　（b）

图 4-3　双向拉筋与梅花双向拉筋示意

（a）拉筋@3a3b 双向（$a \leqslant 200$mm、$b \leqslant 200$mm）；

（b）拉筋@4a4b 梅花双向（$a \leqslant 150$mm、$b \leqslant 150$mm）

（3）剪力墙梁表

剪力墙梁表包括以下内容：

1）剪力墙梁编号，由墙梁类型代号和序号组成，表达形式见表 4-3。

表 4-3　　　　　　　　　　　　　　剪 力 墙 梁 编 号

墙 梁 类 型	代　　号	序　　号
连梁	LL	××
连梁（对角暗撑配筋）	LL（JC）	××
连梁（交叉斜筋配筋）	LL（JX）	××
连梁（集中对角斜筋配筋）	LL（DX）	××
暗梁	AL	××
边框梁	BKL	××

在具体工程中，当某些墙身需设置暗梁或边框梁时，宜在剪力墙平面布置图中绘制暗梁或边框梁的平面布置图并编号，以明确其具体位置。

2）墙梁所在楼层号。

3）墙梁顶面标高高差，是指相对于墙梁所在结构层楼面标高的高差值，高于者为正值，低于者为负值，当无高差时不注。

4）墙梁截面尺寸 $b×h$，上部纵筋、下部纵筋和箍筋的具体数值。

5）当连梁设有对角暗撑时［代号为 LL(JC)××］，注写暗撑的截面尺寸（箍筋外皮尺寸）；注写一根暗撑的全部纵筋，并标注×2 表明有两根暗撑相互交叉；注写暗撑箍筋的具体数值。

6）当连梁设有交叉斜筋时［代号为 LL(JX)××］，注写连梁一侧对角斜筋的配筋值，并标注×2 表明对称设置；注写对角斜筋在连梁端部设置的拉筋根数、规格及直径，并标注×4 表示四个角都设置；注写连梁一侧折线筋配筋值，并标注×2 表明对称设置。

7）当连梁设有集中对角斜筋时［代号为 LL(DX)××］，注写一条对角线上的对角斜筋，并标注×2 表明对称设置。

墙梁侧面纵筋的配置：当墙身水平分布钢筋满足连梁、暗梁及边框梁的梁侧面纵向构造钢筋的要求时，该筋配置同墙身水平分布钢筋，表中不注，施工按标准构造详图的要求即可；当不满足时，应在表中补充注明梁侧面纵筋的具体数值（其在支座内的锚固要求同连梁中受力钢筋）。

◆剪力墙截面注写方式

剪力墙截面注写方式，是在分标准层绘制的剪力墙平面布置图上，以直接在墙柱、墙梁、墙身上注写截面尺寸和配筋具体数值的方式来表达剪力墙平法施工图。

选用适当比例原位放大绘制剪力墙平面布置图，其中对墙柱绘制配筋截面图；对所有墙柱、墙身、墙梁分别按"列表注写方式"的规定进行编号，并分别在相同编号的墙柱、墙身、墙梁中选择一根墙柱、一道墙身、一根墙梁进行注写，其注写方式如下：

1）从相同编号的墙柱中选择一个截面，注明几何尺寸，标注全部纵筋及箍筋的具体数值。

注：约束边缘构件（图 4-1）除需注明阴影部分具体尺寸外，尚需注明约束边缘构件沿墙肢长度 l_c，约束

边缘翼墙中沿墙肢长度尺寸为 $2b_f$ 时可不注。除注写阴影部位的箍筋外，尚需注写非阴影区内布置的拉筋（或箍筋）。当仅 l_c 不同时，可编为同一构件，但应单独注明 l_c 的具体尺寸，并标注非阴影区内布置的拉筋（或箍筋）。

设计施工时应注意：

当约束边缘构件体积配箍率计算中计入墙身水平分布钢筋时，设计者应注明。还应注明墙身水平分布钢筋在阴影区域内设置的拉筋。施工时，墙身水平分布钢筋应注意采用相应的构造做法。

2）从相同编号的墙身中选择一道墙身，按顺序引注的内容为：墙身编号（应包括注写在括号内墙身所配置的水平与竖向分布钢筋的排数）、墙厚尺寸，水平分布钢筋、竖向分布钢筋和拉筋的具体数值。

3）从相同编号的墙梁中选择一根墙梁，按顺序引注的内容为：

①注写墙梁编号、墙梁截面尺寸 $b \times h$、墙梁箍筋、上部纵筋、下部纵筋和墙梁顶面标高高差的具体数值。

②当连梁设有对角暗撑时［代号为 LL(JC)××］，注写暗撑的截面尺寸（箍筋外皮尺寸）；注写一根暗撑的全部纵筋，并标注×2表明有两根暗撑相互交叉；注写暗撑箍筋的具体数值。

③当连梁设有交叉斜筋时［代号为 LL(JX)××］，注写连梁一侧对角斜筋的配筋值，并标注×2表明对称设置；注写对角斜筋在连梁端部设置的拉筋根数、规格及直径，并标注×4表示四个角都设置；注写连梁一侧折线筋配筋值，并标注×2表明对称设置。

④当连梁设有集中对角斜筋时［代号为 LL(DX)××］，注写一条对角线上的对角斜筋，并标注×2表明对称设置。

当墙身水平分布钢筋不能满足连梁、暗梁及边框梁的梁侧面纵向构造钢筋的要求时，应补充注明梁侧面纵筋的具体数值；注写时，以大写字母 N 打头，接续注写直径与间距。其在支座内的锚固要求同连梁中受力钢筋。

◆剪力墙洞口的表示方法

无论采用列表注写方式还是截面注写方式，剪力墙上的洞口均可在剪力墙平面布置图上原位表达。

洞口的具体表示方法：

（1）在剪力墙平面布置图上绘制

在剪力墙平面布置图上绘制洞口示意，并标注洞口中心的平面定位尺寸。

（2）在洞口中心位置引注

1）洞口编号。矩形洞口为 JD××（××为序号），圆形洞口为 YD××（××为序号）。

2）洞口几何尺寸。矩形洞口为洞宽×洞高（$b \times h$），圆形洞口为洞口直径 D。

3）洞口中心相对标高。洞口中心相对标高，系相对于结构层楼（地）面标高的洞口中心高度。当其高于结构层楼面时为正值，低于结构层楼面时为负值。

4）洞口每边补强钢筋：

①当矩形洞口的洞宽、洞高均不大于 800mm 时，此项注写为洞口每边补强钢筋的具体数值（如果按标准构造详图设置补强钢筋时可不注）。当洞宽、洞高方向补强钢筋不一致时，分别注写洞宽方向、洞高方向补强钢筋，以"/"分隔。

②当矩形或圆形洞口的洞宽或直径大于 800mm 时，在洞口的上、下需设置补强暗梁，此项

注写为洞口上、下每边暗梁的纵筋与箍筋的具体数值（在标准构造详图中，补强暗梁梁高一律定为 400mm，施工时按标准构造详图取值，设计不注。当设计者采用与该构造详图不同的做法时，应另行注明），圆形洞口时尚需注明环向加强钢筋的具体数值；当洞口上、下边为剪力墙连梁时，此项免注；洞口竖向两侧设置边缘构件时，亦不在此项表达（当洞口两侧不设置边缘构件时，设计者应给出具体做法）。

③当圆形洞口设置在连梁中部 1/3 范围（且圆洞直径不应大于 1/3 梁高）时，需注写在圆洞上下水平设置的每边补强纵筋与箍筋。

④当圆形洞口设置在墙身或暗梁、边框梁位置，且洞口直径不大于 300mm 时，此项注写为洞口上下左右每边布置的补强纵筋的具体数值。

⑤当圆形洞口直径大于 300mm、但不大于 800mm 时，其加强钢筋按照圆外切正六边形的边长方向布置，设计仅需注写六边形中一边补强钢筋的具体数值。

◆地下室外墙表示方法

地下室外墙仅适用于起挡土作用的地下室外围护墙。地下室外墙中墙柱、连梁及洞口等的表示方法同地上剪力墙。

地下室外墙编号，由墙身代号序号组成。表达为：

$$DWQ\times\times$$

地下室外墙平法注写方式，包括集中标注墙体编号、厚度、贯通筋、拉筋等和原位标注附加非贯通筋等两部分内容。当仅设置贯通筋，未设置附加非贯通筋时，则仅做集中标注。

（1）集中标注

集中标注的内容包括：

1）地下室外墙编号，包括代号、序号、墙身长度（注为××～××轴）。

2）地下室外墙厚度 $b_w=\times\times\times$。

3）地下室外墙的外侧、内侧贯通筋和拉筋。

①以 OS 代表外墙外侧贯通筋。其中，外侧水平贯通筋以 H 打头注写，外侧竖向贯通筋以 V 打头注写。

②以 IS 代表外墙内侧贯通筋。其中，内侧水平贯通筋以 H 打头注写，内侧竖向贯通筋以 V 打头注写。

③以 tb 打头注写拉筋直径、强度等级及间距，并注明"双向"或"梅花双向"。

（2）原位标注

地下室外墙的原位标注，主要表示在外墙外侧配置的水平非贯通筋或竖向非贯通筋。

当配置水平非贯通筋时，在地下室墙体平面图上原位标注。在地下室外墙外侧绘制粗实线段代表水平非贯通筋，在其上注写钢筋编号并以 H 打头注写钢筋强度等级、直径、分布间距，以及自支座中线向两边跨内的伸出长度值。当自支座中线向两侧对称伸出时，可仅在单侧标注跨内伸出长度，另一侧不注，此种情况下非贯通筋总长度为标注长度的 2 倍。边支座处非贯通钢筋的伸出长度值从支座外边缘算起。

地下室外墙外侧非贯通筋通常采用"隔一布一"方式与集中标注的贯通筋间隔布置，其标注间距应与贯通筋相同，两者组合后的实际分布间距为各自标注间距的 1/2。

当在地下室外墙外侧底部、顶部、中层楼板位置配置竖向非贯通筋时，应补充绘制地下室外墙竖向截面轮廓图并在其上原位标注。表示方法为在地下室外墙竖向截面轮廓图外侧绘制粗实线段代表竖向非贯通筋，在其上注写钢筋编号并以 V 打头注写钢筋强度等级、直径、分布间距，以及向上（下）层的伸出长度值，并在外墙竖向截面图名下注明分布范围（××～××轴）。

地下室外墙外侧水平、竖向非贯通筋配置相同者，可仅选择一处注写，其他可仅注写编号。

当在地下室外墙顶部设置通长加强钢筋时应注明。

【实　　例】

【例 4-1】　N Φ10@150，表示墙梁两个侧面纵筋对称配置为：HRB400 级钢筋，直径Φ10，间距为 150mm。

【例 4-2】　JD 2　400×300　+3.100　3 Φ14，表示 2 号矩形洞口，洞宽为 400mm，洞高为 300mm，洞口中心距本结构层楼面 3100mm，洞口每边补强钢筋为 3 Φ14。

【例 4-3】　JD 3　400×300　+3.100，表示 3 号矩形洞口，洞宽为 400mm，洞高为 300mm，洞口中心距本结构层楼面为 3100mm，洞口每边补强钢筋按构造配置。

【例 4-4】　JD 4　800×300　+3.100　3 Φ18/3 Φ14，表示 4 号矩形洞口，洞宽为 800mm、洞高为 300mm，洞口中心距本结构层楼面为 3100mm，洞宽方向补强钢筋为 3 Φ18，洞高方向补强钢筋为 3 Φ14。

【例 4-5】　YD 5　1000　+1.800　6 Φ20　Φ8@150　2 Φ16，表示 5 号圆形洞口，直径为 1000mm，洞口中心距本结构层楼面为 1800mm，洞口上下设补强暗梁，每边暗梁纵筋为 6 Φ20，箍筋为 Φ8@150，环向加强钢筋 2 Φ16。

【例 4-6】　DWQ2（①～⑥），b_w=300mm

　　　　　OS：H Φ18@200，V Φ20@200

　　　　　IS：H Φ16@200，V Φ18@200

　　　　　tb：Φ6@400@400 双向

表示 2 号外墙，长度范围为①～⑥之间，墙厚为 300mm；外侧水平贯通筋为Φ18@200，竖向贯通筋为Φ20@200；内侧水平贯通筋为Φ16@200，竖向贯通筋为Φ18@200；双向拉筋为Φ6，水平间距为 400mm，竖向间距为 400mm。

4.2　剪力墙身构件钢筋构造识图

常遇问题

1. 剪力墙竖向分布筋的连接方式有哪些？
2. 剪力墙变截面处竖向钢筋构造做法有哪些？
3. 地下室外墙水平钢筋如何构造？
4. 地下室外墙竖向钢筋如何构造？

【识图方法】

◆**水平分布钢筋在端柱锚固构造**

剪力墙设有端柱时，水平分布筋在端柱锚固的构造要求如图 4-4 所示。

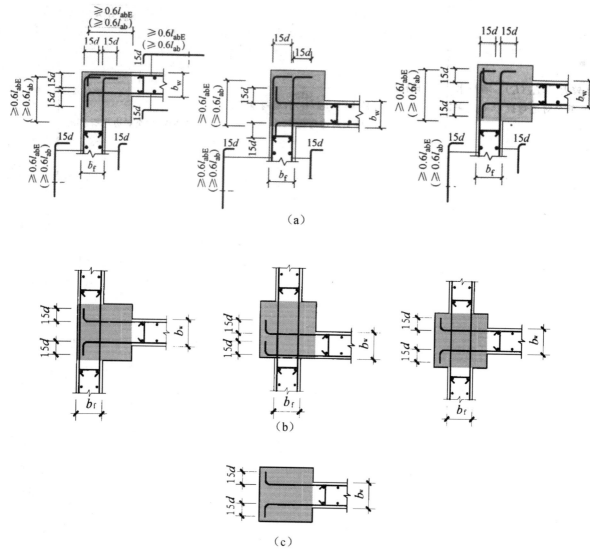

（a）

（b）

（c）

图 4-4 设置端柱时剪力墙水平钢筋锚固构造

（a）转角处；（b）丁字相连处；（c）端部

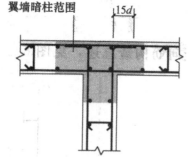

图 4-5 设置翼墙时剪力墙
水平钢筋锚固构造

1）端柱位于转角部位时，位于端柱宽出墙身一侧的剪力墙水平分布筋伸入端柱水平长度不小于 $0.6l_{abE}（0.6l_{ab}）$，弯折长度为 $15d$；当直锚深度不小于 $l_{aE}（l_a）$ 时，可不设弯钩。位于端柱与墙身相平一侧的剪力墙水平分布筋绕过端柱阳角，与另一片墙段水平分布筋连接；也可不绕过端柱阳角，而直接伸至端柱角筋内侧向内弯折 $15d$。

2）非转角部位端柱，剪力墙水平分布筋伸入端柱弯折长度 $15d$；当直锚深度不小于 $l_{aE}（l_a）$ 时，可不设弯钩。

◆水平分布钢筋在翼墙锚固构造

水平分布钢筋在翼墙的锚固构造要求如图 4-5 所示。

1）翼墙两翼的墙身水平分布筋连续通过翼墙。

2）翼墙肢部墙身水平分布筋伸至翼墙核心部位的外侧钢筋内侧，水平弯折15d。

◆**水平分布钢筋在转角墙锚固构造**

剪力墙水平分布钢筋在转角墙锚固构造要求如图4-6所示。

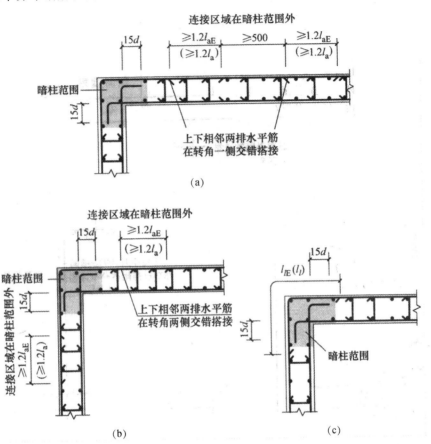

图4-6　设置转角墙时剪力墙水平钢筋锚固构造

1）图4-6（a）：上下相邻两排水平分布筋在转角一侧交错搭接连接，搭接长度不小于$1.2l_{aE}(1.2l_a)$，搭接范围错开间距500mm；墙外侧水平分布筋连续通过转角，在转角墙核心部位以外与另一片剪力墙的外侧水平分布筋连接，墙内侧水平分布筋伸至转角墙核心部位的外侧钢筋内侧，水平弯折15d。

2）图4-6（b）：上下相邻两排水平分布筋在转角两侧交错搭接连接，搭接长度不小于$1.2l_{aE}(1.2l_a)$；墙外侧水平分布筋连续通过转角，在转角墙核心部位以外与另一片剪力墙的外侧水平分布筋连接，墙内侧水平分布筋伸至转角墙核心部位的外侧钢筋内侧，水平弯折15d。

3）图4-6（c）：墙外侧水平分布筋在转角处搭接，搭接长度为$l_{lE}(l_l)$，墙内侧水平分布筋伸至转角墙核心部位的外侧钢筋内侧，水平弯折15d。

◆**水平分布筋在端部无暗柱封边构造**

剪力墙水平分布筋在端部无暗柱封边构造要求如图4-7所示。

剪力墙身水平分布筋在端部无暗柱时，可采用在端部设置U形水平筋（目的是箍住边缘竖

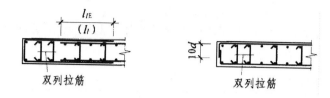

图 4-7　无暗柱时水平钢筋锚固构造

（a）封边方式 1（墙厚度较小）；（b）封边方式 2

向加强筋），墙身水平分布筋与 U 形水平搭接；也可将墙身水平分布筋伸至端部弯折 $10d$。

◆**水平分布筋在端部有暗柱封边构造**

剪力墙水平分布筋在端部有暗柱封边构造要求如图 4-8 所示。

剪力墙身水平分布筋伸至边缘暗柱角筋外侧，弯折 $10d$。

◆**水平分布筋交错连接构造**

剪力墙身水平分布筋交错连接时，上下相邻的墙身水平分布筋交错搭接连接，搭接长度不小于 $1.2l_{aE}(1.2l_a)$，搭接范围交错不小于 $500mm$。如图 4-9 所示。

图 4-8　有暗柱时水平
钢筋锚固构造

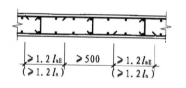

图 4-9　剪力墙水平
钢筋交错搭接

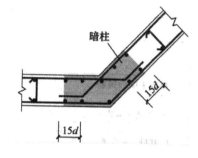

图 4-10　斜交墙暗柱

◆**水平分布筋斜交墙构造**

剪力墙斜交部位应设置暗柱，如图 4-10 所示。斜交墙外侧水平分布筋连续通过阳角，内侧水平分布筋在墙内弯折锚固长度为 $15d$。

◆**水平分布筋多排配筋**

剪力墙水平分布筋多排配筋构造共分为双排配筋、三排配筋、四排配筋三种情况，见图 4-11。

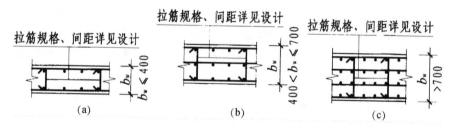

图 4-11　剪力墙身水平钢筋网排数

（a）剪力墙双排配筋；（b）剪力墙三排配筋；（c）剪力墙四排配筋

图 4 - 11 （a）：当 b_w （墙厚度）≤400mm 时，设置双排配筋。

图 4 - 11 （b）：当 400mm＜b_w （墙厚度）≤700mm 时，设置三排配筋。

图 4 - 11 （c）：当 b_w （墙厚度）＞700mm 时，设置四排配筋。

剪力墙设置各排钢筋网时，水平分布筋置于外侧，垂直分布筋置于水平分布筋的内侧。拉筋要求同时构筑水平分布筋和垂直分布筋。其中三排配筋和四排配筋的水平竖向钢筋需均匀分布，拉筋需与各排分布筋绑扎。由此可以看出，剪力墙的保护层是针对水平分布筋来说的。

◆地下室外墙水平钢筋构造

地下室外墙水平钢筋构造如图 4 - 12 所示。

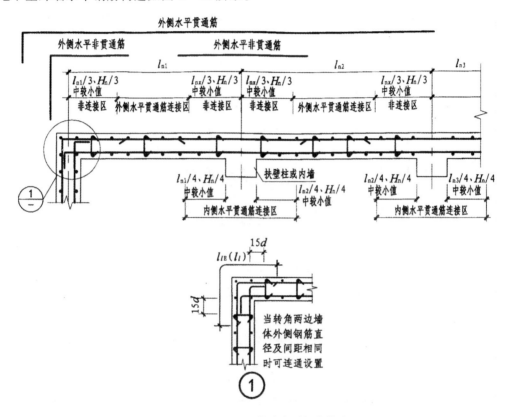

图 4 - 12　地下室外墙水平钢筋构造

1）地下室外墙水平钢筋分为：外侧水平贯通筋、外侧水平非贯通筋、内侧水平贯通筋。

2）角部节点构造（"①"节点）：地下室外墙外侧水平筋在角部搭接，搭接长度"l_{lE}（l_l）"——"当转角两边墙体外侧钢筋直径及间距相同时可连通设置"；地下室外墙内侧水平筋伸至对边后弯 15d 直钩。

3）外侧水平贯通筋非连接区：端部节点"$l_{n1}/3$，$H_n/3$ 中较小值"，中间节点"$l_{nx}/3$，$H_n/3$ 中较小值"；外侧水平贯通筋连接区为相邻"非连接区"之间的部分。（"l_{nx} 为相邻水平跨的较大净跨值，H_n 为本层层高"）

◆剪力墙竖向分布筋连接构造

剪力墙身竖向分布钢筋通常采用搭接，机械和焊接连接三种连接方式，如图 4 - 13 所示。

1）图 4 - 13 （a）：一、二级抗震等级剪力墙底部加强部位的剪力墙身竖向分布钢筋可在楼

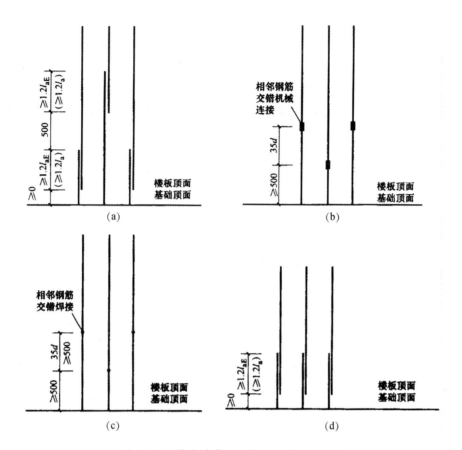

图 4-13　剪力墙身竖向分布钢筋连接构造

层层间任意位置搭接连接，搭接长度为 $1.2l_{aE}$，搭接接头错开距离 500mm，钢筋直径大于 28mm 时不宜采用搭接连接。

2）图 4-13（b）：当采用机械连接时，纵筋机械连接接头错开 35d；机械连接的连接点距离结构层顶面（基础顶面）或底面≥500mm。

3）图 4-13（c）：当采用焊接连接时，纵筋焊接连接接头错开 35d 且≥500mm；焊接连接的连接点距离结构层顶面（基础顶面）或底面≥500mm。

4）图 4-13（d）：一、二级抗震等级剪力墙非底部加强部位或三、四级抗震等级或非抗震的剪力墙身竖向分布钢筋可在楼层层间同一位置搭接连接，搭接长度为 $1.2l_{aE}$，钢筋直径大于 28mm 时不宜采用搭接连接。

◆ 剪力墙变截面竖向分布筋构造

当剪力墙在楼层上下截面变化，变截面处的钢筋构造与框架柱相同。除端柱外，其他剪力墙柱变截面构造要求，如图 4-14 所示。

变截面墙柱纵筋有两种构造形式：非贯通连接 ［图 4-14（a）、图 4-14（b）、图 4-14（d）］和斜锚贯通连接 ［图 4-14（c）］。

当采用纵筋非贯通连接时，下层墙柱纵筋伸至基础内变截面处向内弯折 12d，至对面竖向钢筋处截断，上层纵筋垂直锚入下柱 $1.2l_{aE}(1.2l_a)$。

当采用斜弯贯通锚固时，墙柱纵筋不切断，而是以 1/6 钢筋斜率的方式弯曲伸到上一楼层。

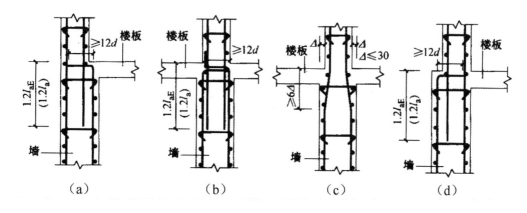

图 4－14　剪力墙变截面竖向钢筋构造

（a）边梁非贯通连接；（b）中梁非贯通连接；（c）中梁贯通连接；（d）边梁非贯通连接

◆剪力墙身顶部钢筋构造

　　墙身顶部竖向分布钢筋构造，如图 4－15 所示。竖向分布筋伸至剪力墙顶部后弯折，弯折长度不小于 $12d$；当一侧剪力墙有楼板时，墙柱钢筋均向楼板内弯折，当剪力墙两侧均有楼板时，竖向钢筋可分别向两侧楼板内弯折。而当剪力墙竖向钢筋在边框梁中锚固时，构造特点为：直锚 $l_{aE}(l_a)$。

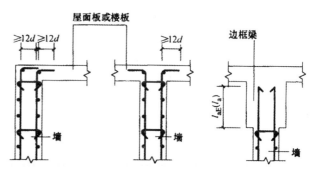

◆剪力墙身拉筋构造

　　剪力墙身拉筋有矩形排布与梅花形排布两种布置形式，如图 4－16 所示。剪力墙身中的拉筋要求布置在竖向分布筋和水平分布筋的交叉点，同时拉住墙身

图 4－15　剪力墙竖向钢筋顶部构造

竖向分布筋和水平分布筋；拉筋选用的布置形式应在图纸中用文字表示。若拉筋间距相同，梅花形排布的布置形式约是矩形排布形式用钢量的两倍。

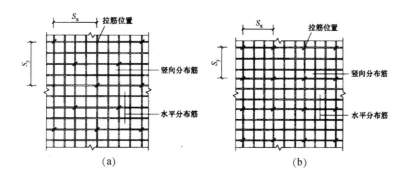

图 4－16　剪力墙身拉筋设置

（a）梅花形排布；（b）矩形排布

◆地下室外墙竖向钢筋构造

地下室外墙竖向钢筋构造如图 4-17 所示。

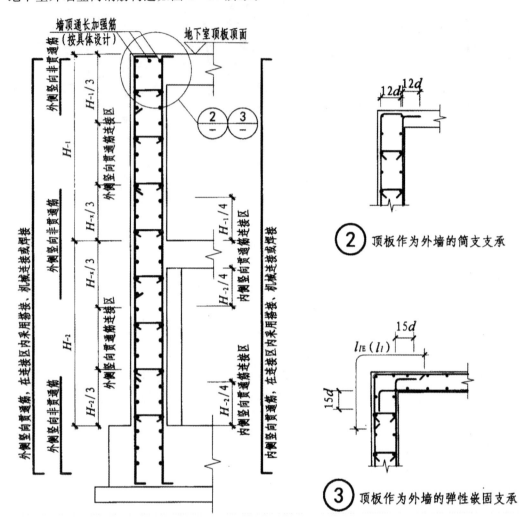

图 4-17 地下室外墙竖向钢筋构造

1）地下室外墙竖向钢筋分为：外侧竖向贯通筋、外侧竖向非贯通筋、内侧竖向贯通筋，还有“墙顶通长加强筋”（按具体设计）。

2）角部节点构造。

“②”节点（顶板作为外墙的简支支承）：地下室外墙外侧和内侧竖向钢筋伸至顶板上部弯 $12d$ 直钩。

“③”节点（顶板作为外墙的弹性嵌固支承）：地下室外墙外侧竖向钢筋与顶板上部纵筋搭接“$l_{lE}(l_l)$”；顶板下部纵筋伸至墙外侧后弯 $15d$ 直钩；地下室外墙内侧竖向钢筋伸至顶板上部弯 $15d$ 直钩。

3）外侧竖向贯通筋非连接区：底部节点“$H_{-2}/3$”，中间节点为两个“$H_{-x}/3$”，顶部节点“$H_{-1}/3$”；外侧竖向贯通筋连接区为相邻“非连接区”之间的部分。（“H_{-x} 为 H_{-1} 和 H_{-2} 的较大值”）

内侧竖向贯通筋连接区：底部节点"$H_{-2}/4$"，中间节点：楼板之下部分"$H_{-2}/4$"，楼板之上部分"$H_{-1}/4$"。

【实　例】

【例 4-7】 地下室框架柱及墙体配筋构造识图。

本图采用列表注写方式标注地下室框架柱及墙体配筋。

1）图中所有不同柱、墙体的配筋、截面尺寸、位置标高均在表 4-4 至表 4-6 中列出。如：柱配筋表中第一行所示为框架柱 KZ1，其所在位置为标高 $-4.30\sim0.09$m，截面尺寸为 450mm$\times$450mm；角筋为 4 根 HRB400 级直径为 25mm 的钢筋；b 边及 h 边一侧中部钢筋均为 4 根 HRB400 级直径为 25mm 的钢筋；箍筋采用图中所示的 1 类型箍筋，加密区间距为 100mm，非加密区间距为 200mm，使用 HPB300 级直径为 8mm 的钢筋，箍筋加密区的距离如图 4-18 所示。

表 4-4 框架柱配筋表

柱号	标高/m	$b\times h$/mm	角筋	b 边一侧中部钢筋	h 边一侧中部钢筋	箍筋类型号	箍筋
KZ1	$-4.30\sim-0.09$	450×450	4 Φ 25	4 Φ 25	4 Φ 25	1	Φ8−100/200
KZ1-1	$-4.30\sim-0.09$	450×450	4 Φ 25	4 Φ 25	4 Φ 25	1	Φ8−100
KZ1	$-4.30\sim-0.09$	450×450	4 Φ 25	4 Φ 22	4 Φ 22	1	Φ8−100/200
KZ1	$-4.30\sim-0.09$	500×500	4 Φ 25	4 Φ 22	4 Φ 22	1	Φ10−100/200
KZ1	$-4.30\sim-0.09$	450×450	4 Φ 20	3 Φ 18	3 Φ 18	2	Φ8−100/200

表 4-5 墙身表

编号	标高/m	墙厚/mm	墙外侧分布筋		墙内侧分布筋		拉筋
			竖向分布筋	水平分布筋	竖向分布筋	水平分布筋	
Q1	$-4.30\sim-0.09$	250	Φ 12−200	Φ 12−100	Φ 12−200	Φ 12−200	Φ6−600
Q2	$-4.30\sim-0.09$	250	Φ 12−200	Φ 12−200	Φ 12−200	Φ 12−200	Φ6−600
Q3	$-4.30\sim-0.09$	250	Φ 12−200	Φ 12−150	Φ 12−150	Φ 12−150	Φ6−600
Q4	$-5.20\sim-0.15$	250	Φ 12−200	Φ 12−200	Φ 12−200	Φ 12−100	Φ6−600
Q5	$-5.20\sim-0.15$	250	Φ 12−200	Φ 12−150	Φ 12−200	Φ 12−150	Φ6−600
Q6	$-5.20\sim-0.15$	250	Φ 12−200	Φ 12−200	Φ 12−200	Φ 12−200	Φ6−600

表 4-6 梁表

编号	梁截面 $b\times h$/mm	上部纵筋	下部纵筋	箍筋
LL1	250×610	2 Φ 16	2 Φ 16	Φ10−100(2)

2）表示出了不同墙体的位置、编号、厚度、标高及配筋情况。如 Q1 所示为墙 1，墙厚为 250mm，位于标高 $-4.30\sim0.09$m 之间，竖向分布筋内外两侧均为 HRB400 级直径为 12mm、间距为 200mm 的钢筋；内侧水平分布筋为 HRB400 级直径为 12mm、间距为 200mm 的钢筋；

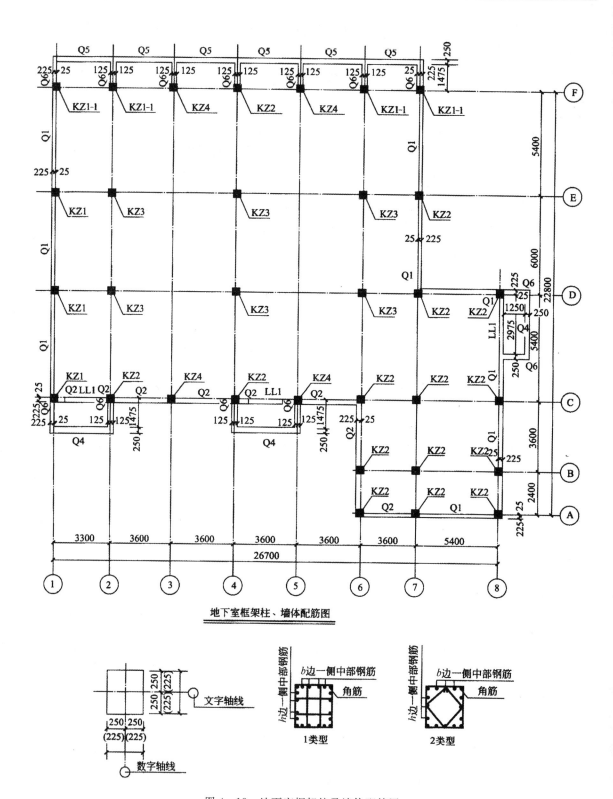

图 4-18 地下室框架柱及墙体配筋图

外侧水平分布筋为 HRB400 级直径为 12mm、间距为 100mm 的钢筋；墙体拉结筋为 HPB300 级直径为 6mm、间距为 600mm 的钢筋。

4.3 剪力墙柱构件钢筋构造识图

常遇问题
1. 剪力墙约束边缘构件构造是怎样的？
2. 剪力墙构造边缘构件构造是怎样的？
3. 剪力墙边缘构件纵向钢筋连接构造是怎样的？

【识图方法】

◆**剪力墙约束边缘构件构造**

剪力墙约束边缘构件（以 Y 字开头），包括约束边缘暗柱、约束边缘端柱、约束边缘翼墙、约束边缘转角墙四种，如图 4-19 所示。

1）约束边缘构件的设置：

《建筑抗震设计规范》（GB 50011—2011）第 6.4.5 条规定：底层墙肢底截面的轴压比大于规范规定（见表 4-7）的一～三级抗震墙，以及部分框支抗震结构的抗震墙，应在底部加强部位及相邻上一层设置；无抗震设防要求的剪力墙不设置底部加强区。

表 4-7　　　　　　　　　　　**抗震墙设置构造边缘构件的最大轴压比**

抗震等级或烈度	一级（9度）	一级（7，8度）	二、三级
轴压比	0.1	0.2	0.3

《建筑抗震设计规范》（GB 50011—2011）第 6.1.14 条：地下室顶板作为上部结构的嵌固部位时，地下一层抗震墙墙肢端部边缘构件纵向钢筋的截面面积，不应少于地下一层对应墙肢边缘构件纵向钢筋的截面积。

2）约束边缘构件的纵向钢筋，配置在阴影范围内；图 4-19 中 l_c 为约束边缘构件沿墙肢长度，与抗震等级、墙肢长度、构件截面形状有关。

①不应小于墙厚和 400mm。

②有翼墙和端柱时，不应小于翼墙厚度或端柱沿墙肢方向截面高度加 300mm。

剪力墙平面布置图中应注明约束边缘构件沿墙肢长度 l_c，当约束边缘翼墙中沿墙肢长度尺寸为 $2b_f$ 时可不注。

3）《建筑抗震设计规范》（GB 50011—2011）第 6.4.5 条：抗震墙的长度小于其 3 倍厚度，或端柱截面边长小于 2 倍墙厚时，按无翼墙、无端柱考虑。

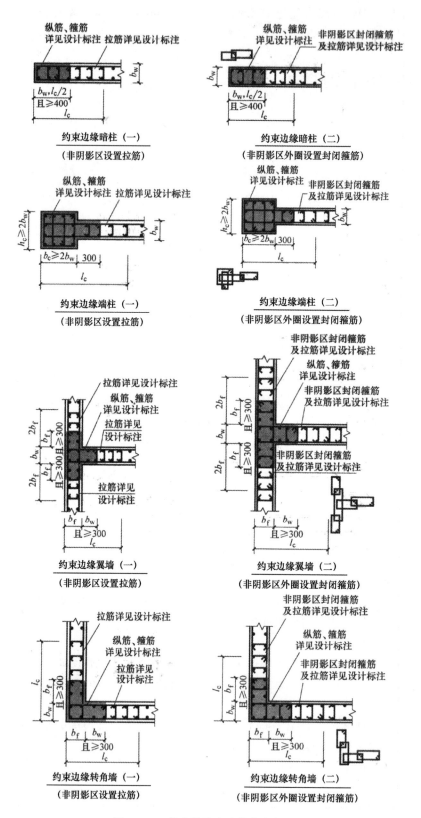

图 4-19　剪力墙约束边缘构件构造

4）沿墙肢长度 L_c 范围内箍筋或拉筋由设计文件注明，其沿竖向间距：

①一级抗震（8、9 度）为 100mm。

②二、三级抗震为 150mm。

约束边缘构件墙柱的扩展部位是与剪力墙身的共有部分，该部位的水平筋是剪力墙的水平分布筋，竖向分布筋的强度等级和直径按剪力墙身的竖向分布筋，但其间距小于竖向分布筋的间距，具体间距值相当于墙柱扩展部位设置的拉筋间距。设计不注写明，具体构造要求见平法详图构造。

5）剪力墙上起约束边缘构件的纵向钢筋，应伸入下部墙体内锚固 $1.2l_{ae}$，如图 4-20 所示。

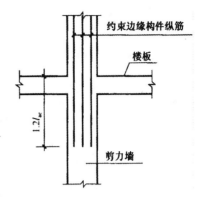

图 4-20 剪力墙上起约束边缘构件纵筋构造

◆剪力墙构造边缘构件构造

剪力墙构造边缘构件（以 G 字开头）包括构造边缘暗柱、构造边缘端柱、构造边缘翼墙、构造边缘转角墙四种，如图 4-21 所示。

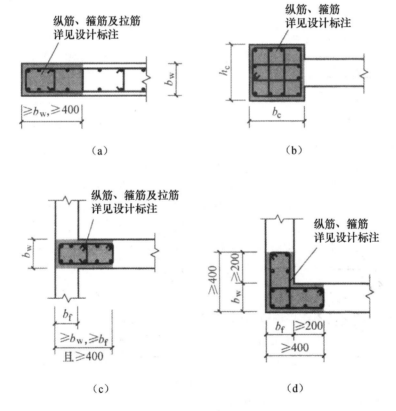

图 4-21 剪力墙构造边缘构件
(a) 构造边缘暗柱；(b) 构造边缘端柱；(c) 构造边缘翼墙；(d) 构造边缘转角墙

剪力墙的端部和转角等部位设置边缘构件，目的是改善剪力墙肢的延性性能。

1）《建筑抗震设计规范》（GB 50011—2011）第 6.4.5 条：对于抗震墙结构，底层墙肢底截面的轴压比不大于规范规定（见表 4-7）的一、二、三级抗震墙及四级抗震墙，墙肢两端、洞口两侧可设置构造边缘构件。

抗震墙的构造边缘构件范围如图 4-22 所示。

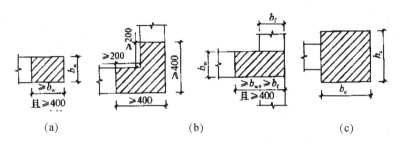

图 4-22　抗震墙的构造边缘构件范围
(a) 暗柱；(b) 翼墙；(c) 端柱

2）底部加强部位的构造边缘构件，与其他部位的构造边缘构件配筋要求不同（底部加强区的剪力墙构造边缘构件配筋率为 0.7%，其他部位的边缘约束构件的配筋率为 0.6%）。

《高层建筑混凝土结构技术规程》（JGJ 3—2010）第 7.2.16 条剪力墙构造边缘构件箍筋及拉结钢筋的无肢长度（肢距）不宜大于 300mm；箍筋及拉结钢筋的水平间距不应大于竖向钢筋间距的 2 倍，转角处宜采用箍筋。

有抗震设防要求时，对于复杂的建筑结构中剪力墙构造边缘构件，不宜全部采用拉结筋，宜采用箍筋或箍筋和拉筋结合的形式。

当构造边缘构件是端柱时，端柱承受集中荷载，其纵向钢筋和箍筋应满足框架柱的配筋及构造要求。构造边缘构件的钢筋宜采用高强钢筋，可配箍筋与拉筋相结合的横向钢筋。

3）剪力墙受力状态，平面内的刚度和承载力较大，平面外的刚度和承载力较小，当剪力墙与平面外方向的梁相连时，会产生墙肢平面外的弯矩，当梁高大于 2 倍墙厚时，梁端弯矩对剪力墙平面外不利，因此，当楼层梁与剪力墙相连时会在墙中设置扶壁柱或暗柱；在非正交的剪力墙中和十字交叉剪力墙中，除在端部设置边缘构件外，在非正交墙的转角处及十字交叉处也设有暗柱。

如果施工设计图未注明具体的构造要求时，扶壁柱按框架柱，暗柱应按构造边缘构件的构造措施（扶壁柱及暗柱的尺寸和配筋是根据设计确定）。

◆剪力墙边缘构件纵向钢筋连接构造

剪力墙边缘构件纵向钢筋连接构造如图 4-23 所示。

1）图 4-23（a）：剪力墙边缘构件纵向钢筋可在楼层层间任意位置搭接连接，搭接长度为 $1.2l_{aE}$，搭接接头错开距离为 500mm，钢筋直径大于 28mm 时不宜采用搭接连接。

2）图 4-23（b）：当采用机械连接时，纵筋机械连接接头错开 35d；机械连接的连接点距离结构层顶面（基础顶面）或底面≥500mm。

3）图 4-23（c）：当采用焊接连接时，纵筋焊接连接接头错开 35d 且≥500mm；焊接连接的连接点距离结构层顶面（基础顶面）或底面≥500mm。

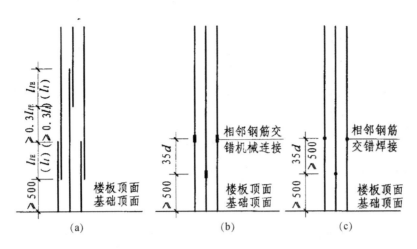

图 4-23 边缘构件纵向钢筋连接构造
（a）绑扎搭接；（b）机械连接；（c）焊接连接

【实　例】

【例 4-8】 ××工程标准层墙柱平法识图

图 4-24 为××工程标准层墙柱平面布置图，表 4-8 为相应的剪力墙柱表，表 4-9 为剪力墙柱相应的图纸说明。

表 4-8　　　　　标准层剪力墙柱表

截面						
编号	GAZ1		GJZ2		GJZ3	
标高	6.950~12.550	12.550~-49.120	6.950~12.550	12.550~-49.120	6.950~12.550	12.550~-49.120
纵筋	6 Φ 14	6 Φ 12	12 Φ 14	12 Φ 12	20 Φ 14	20 Φ 12
箍筋	Φ8@125	Φ6@125	Φ8@125	Φ6@125	Φ8@125	Φ6@125

截面			
编号	GYZ4	GYZ5	GYZ6
标高	6.950~12.550	12.550~-49.120	6.950~12.550	12.550~-49.120	6.950~12.550	12.550~-49.120
纵筋	16 Φ 14	16 Φ 12	22 Φ 14	22 Φ 12	22 Φ 14	22 Φ 12
箍筋	Φ8@125	Φ6@125	Φ8@125	Φ6@125	Φ8@125	Φ6@125

截面			
编号	GYZ7	GYZ8	GYZ9
标高	6.950~12.550	12.550~-49.120	6.950~12.550	12.550~-49.120	6.950~12.550	12.550~-49.120
纵筋	14 Φ 14	14 Φ 12	12 Φ 14	12 Φ 12	26 Φ 14	26 Φ 12
箍筋	Φ8@125	Φ6@125	Φ8@125	Φ6@125	Φ8@125	Φ6@125

截面			
编号	GYZ10	GYZ11	YAZ12
标高	6.950~12.550	12.550~-49.120	6.950~12.550	12.550~-49.120	6.950~12.550	12.550~-49.120
纵筋	8 Φ 14	8 Φ 12	16 Φ 14	16 Φ 12	14 Φ 20	14 Φ 16
箍筋	Φ8@125	Φ6@125	Φ8@125	Φ6@125	Φ12@125	Φ10@125

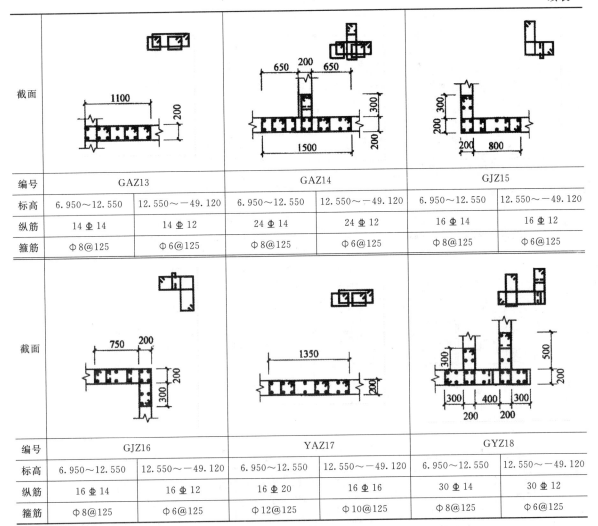

截面	GAZ13		GAZ14		GJZ15	
编号	GAZ13		GAZ14		GJZ15	
标高	6.950～12.550	12.550～—49.120	6.950～12.550	12.550～—49.120	6.950～12.550	12.550～—49.120
纵筋	14 ⏀ 14	14 ⏀ 12	24 ⏀ 14	24 ⏀ 12	16 ⏀ 14	16 ⏀ 12
箍筋	Φ8@125	Φ6@125	Φ8@125	Φ6@125	Φ8@125	Φ6@125

编号	GJZ16		YAZ17		GYZ18	
标高	6.950～12.550	12.550～—49.120	6.950～12.550	12.550～—49.120	6.950～12.550	12.550～—49.120
纵筋	16 ⏀ 14	16 ⏀ 12	16 ⏀ 20	16 ⏀ 16	30 ⏀ 14	30 ⏀ 12
箍筋	Φ8@125	Φ6@125	Φ12@125	Φ10@125	Φ8@125	Φ6@125

表 4-9　　　　　　　　　　标准层墙柱平面布置图图纸说明

说明:

1. 剪力墙、框架柱除标注外，混凝土等级均为C30
2. 钢筋采用 HPB300 (Φ)，HRB400 (⏀)
3. 墙水平筋伸入暗柱
4. 剪力墙上留洞不得穿过暗柱
5. 本工程暗柱配筋采用平面整体表示法 (简称平法)，选自 11G101-1 图集，施工人员必须阅读图集说明，理解各种规定，严格按设计要求施工

从图中可以了解以下内容:

1) 图 4-24 为剪力墙柱平法施工图，绘制比例为 1:100。

2) 轴线编号及其间距尺寸与建筑图、框支柱平面布置图一致。

3) 阅读结构设计总说明或图纸说明可知，剪力墙混凝土强度等级为C30，一、二层剪力墙及转换层以上两层剪力墙，抗震等级为三级，以上各层抗震等级为四级。

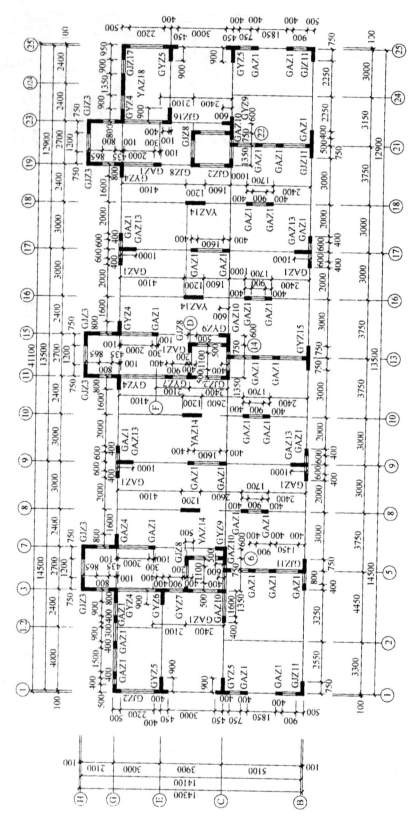

图 4 - 24　标准层墙柱平面布置图

4）对照建筑图和顶梁配筋平面图可知，在剪力墙的两端及洞口两侧按要求设置边缘构件（暗柱、端柱、翼墙和转角墙），图中共18类边缘构件，其中构造边缘暗柱GAZ1共40根，构造边缘转角柱GJZ2、构造边缘翼柱GYZ9各3根，构造边缘转角柱GJZ3、构造边缘翼柱GYZ4各6根，构造边缘翼柱GYZ5、构造边缘转角柱GJZ8和GJZ11、构造边缘暗柱GAZ10和GAZ13、约束边缘暗柱YAZ12各4根，构造边缘翼柱GYZ6和GYZ15、构造边缘转角柱GJZ16和GJZ17、约束边缘暗柱YAZ18各1根，构造边缘翼柱GYZ7共2根。查阅剪力墙柱表知各边缘构件的截面尺寸、配筋形式，6.950～12.550m（3、4层）和12.550～49.120m（5～16层）标高范围内的纵向钢筋和箍筋的数值。

5）因转换层以上两层（3、4层）剪力墙，抗震等级为三级，以上各层抗震等级为四级，根据《高层建筑混凝土结构技术规程》（JCJ 3—2010），并查阅平法标准构造详图可知，墙体竖向钢筋在转换梁内锚固长度不小于 l_{aE}（31d）。墙柱、小墙肢的竖向钢筋与箍筋构造与框架柱相同。为保证同一截面内的钢筋接头面积百分率不大于50%，钢筋接头应错开，各层连接构造见图4-24绑扎搭接构造图。纵向钢筋的搭接长度为 $1.4l_{aE}$，其中3、4层（标高6.950～12.550m）纵向钢筋锚固长度为31d，5～16层（标高12.550～49.120m）纵向钢筋锚固长度为30d。

4.4　剪力墙梁构件钢筋构造识图

常遇问题
1. 连梁交叉斜筋配筋如何构造？
2. 连梁对角配筋如何构造？
3. 剪力墙洞口补强构造措施有哪些？

【识图方法】

◆剪力墙连梁钢筋构造

剪力墙连梁设置在剪力墙洞口上方，连接两片剪力墙，宽度与剪力墙同厚。连梁有单洞口连梁与双洞口连梁两种情况。

（1）单洞口连梁构造

当洞口两侧水平段长度不能满足连梁纵筋直锚长度≥max[$l_{aE}(l_a)$，600mm]的要求时，可采用弯锚形式，连梁纵筋伸至墙外侧纵筋内侧弯锚，竖向弯折长度为15d（d为连梁纵筋直径），如图4-25所示。钢筋排布构造如图4-26所示。

洞口连梁下部纵筋和上部纵筋锚入剪力墙内的长度要求为max[$l_{aE}(l_a)$，600mm]，如图4-25所示。

（2）双洞口连梁

当两洞口的洞间墙长度不能满足两侧连梁纵筋直锚长度min[$l_{aE}(l_a)$，1200mm]的要求时，可采用双洞口连梁，如图4-27所示。钢筋排布构造如图4-28所示。其构造要求为：连梁上部、下部、侧面纵筋连续通过洞间墙，上下部纵筋锚入剪力墙内的长度要求为max(l_{aE}，600mm)。

（3）剪力墙连梁、暗梁、边框梁侧面纵筋和拉筋构造

剪力墙连梁LL、暗梁AL、边框梁BKL侧面纵筋和拉筋构造如图4-29所示。

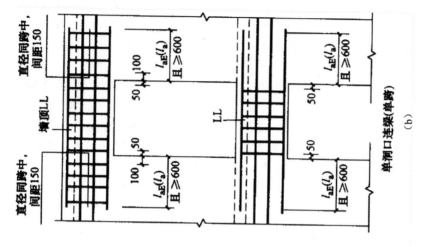

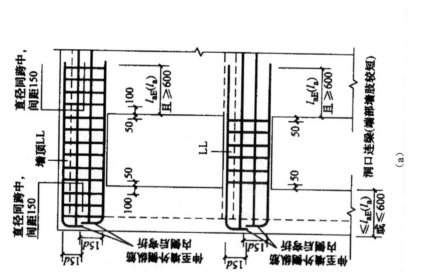

图 4-25 单洞口连梁钢筋构造

(a)墙端部洞口连梁构造；(b)墙中部洞口连梁构造

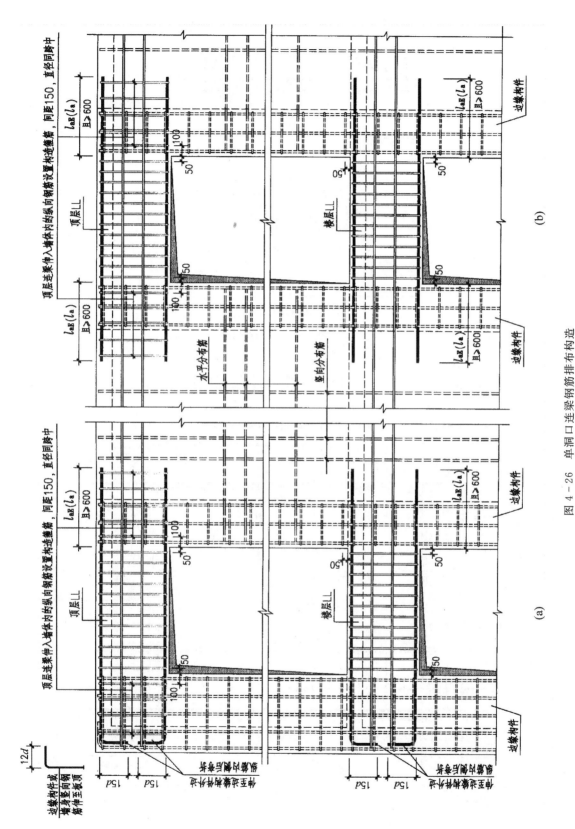

图 4-26 单洞口连梁钢筋排布构造

(a) 墙端部洞口连梁构造；(b) 墙中部洞口连梁构造

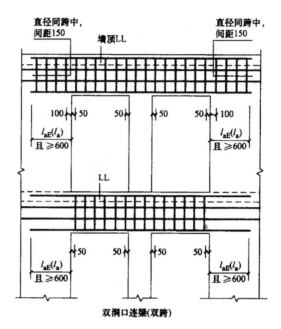

图 4-27 双洞口连梁钢筋构造

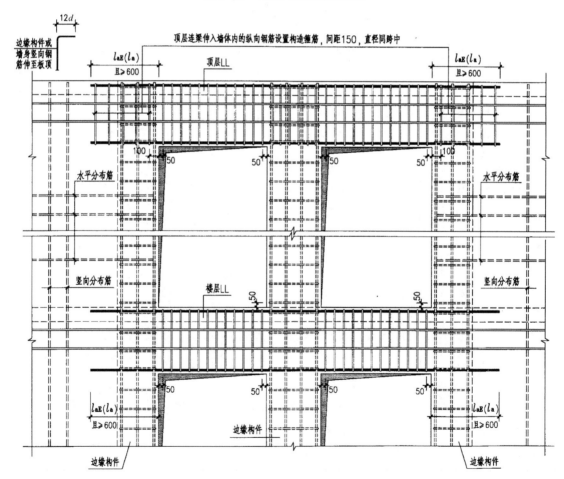

图 4-28 双洞口连梁钢筋排布构造

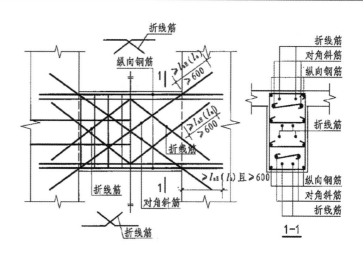

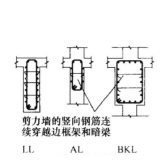

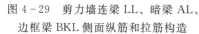

图 4-29 剪力墙连梁 LL、暗梁 AL、
边框梁 BKL 侧面纵筋和拉筋构造

图 4-30 连梁交叉斜筋配筋构造

1）剪力墙的竖向钢筋应连续穿越边框梁和暗梁。

2）若墙梁纵筋不标注，则表示墙身水平分布筋可伸入墙梁侧面作为其侧面纵筋使用。

3）当设计未注明连梁、暗梁和边框梁的拉筋时，应按下列规定取值：当梁宽≤350mm 时为
6mm，梁宽＞350mm 时为 8mm；拉筋间距为两倍箍筋间距，竖向沿侧面水平筋隔一拉一。

（4）连梁交叉斜筋配筋构造

当洞口连梁截面宽度≥250mm 时，连梁中应根据具体条件设置斜向交叉斜筋配筋，如图

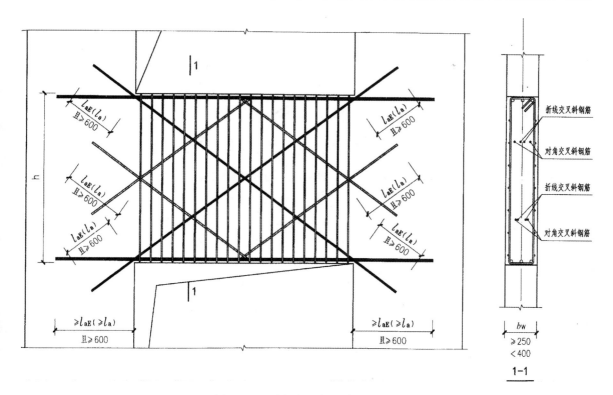

图 4-31 连梁交叉斜钢筋排布构造

4-30所示。钢筋排布构造如图4-31所示。斜向交叉钢筋锚入连梁支座内的锚固长度应 $\geq \max[l_{aE}(l_a)，600\text{mm}]$；交叉斜筋配筋连梁的对角斜筋在梁端部应设置拉筋，具体值见设计标注。

交叉斜筋配筋连梁的水平钢筋及箍筋形成的钢筋网之间应采用拉筋拉结，拉筋直径不宜小于6mm，间距不宜大于400mm。

（5）连梁对角配筋构造

当连梁截面宽度$\geq 400\text{mm}$时，连梁中应根据具体条件设置集中对角斜筋配筋或对角暗撑配筋，如图4-32所示。钢筋排布构造如图4-33所示。

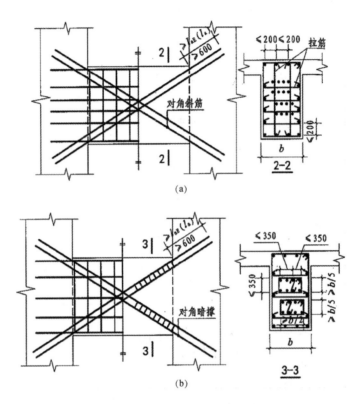

图4-32　连梁对角配筋构造
(a) 对角斜筋配筋；(b) 对角暗撑配筋

集中对角斜筋配筋连梁构造如图4-32（a）所示，应在梁截面内沿水平方向及竖直方向设置双向拉筋，拉筋应勾住外侧纵向钢筋，间距不应大于200mm，直径不应小于8mm。集中对角斜筋锚入连梁支座内的锚固长度$\geq \max(l_{aE}，600\text{mm})$。

对角暗撑配筋连梁构造如图4-32（b）所示，其箍筋的外边缘沿梁截面宽度方向不宜小于连梁截面宽度的一半，另一方向不宜小于1/5；对角暗撑约束箍筋肢距不应大于350mm。当为抗震设计时，暗撑箍筋在连梁支座位置600mm范围内进行箍筋加密；对角交叉暗撑纵筋锚入连梁支座内的锚固长度$\geq \max(l_{aE}，600\text{mm})$。其水平钢筋及箍筋形成的钢筋网之间应采用拉筋拉结，拉筋直径不宜小于6mm，间距不宜大于400mm。

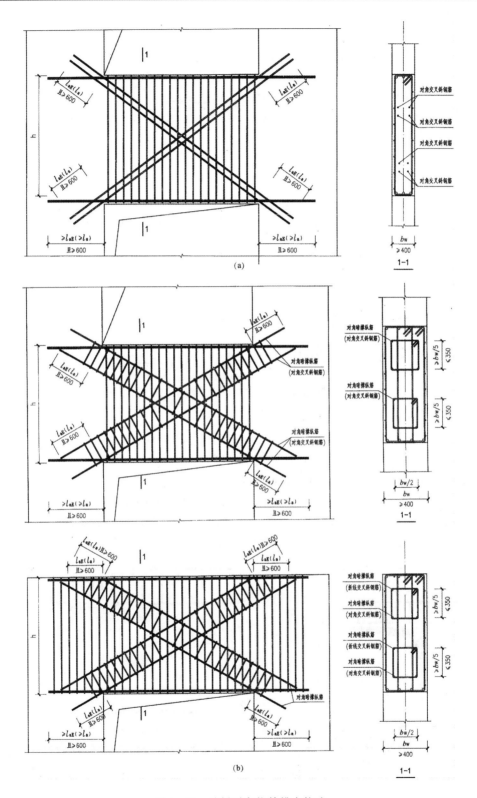

图 4-33 连梁对角钢筋排布构造

（a）对角斜钢筋排布构造；（b）对角暗撑钢筋排布构造

◆剪力墙洞口补强钢筋构造

（1）剪力墙矩形洞口补强钢筋构造

剪力墙由于开矩形洞口，需补强钢筋，当设计注写补强纵筋具体数值时，按设计要求，当设计未注明时，依据洞口宽度和高度尺寸，按以下构造要求：

1）剪力墙矩形洞口宽度、高度不大于800mm时的洞口需补强钢筋，如图4-34所示。钢筋排布构造如图4-35所示。

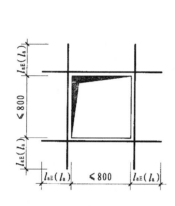

图4-34　剪力墙矩形洞口补强钢筋构造
（剪力墙矩形洞口宽度和高度均不大于800mm）

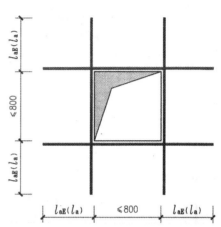

图4-35　剪力墙洞口钢筋排布构造
（方洞洞边尺寸不大于800mm）

补强钢筋面积：按每边配置两根不小于12mm且不小于同向被切断纵筋总面积的一半补强。

补强钢筋级别：补强钢筋级别与被截断钢筋相同。

补强钢筋锚固措施：补强钢筋两端锚入墙内的长度为$l_{aE}(l_a)$，洞口被切断的钢筋设置弯钩，弯钩长度为过墙中线加$5d$（墙体两面的弯钩相互交错$10d$），补强纵筋固定在弯钩内侧。

2）剪力墙矩形洞口宽度或高度均大于800mm时的洞口需补强暗梁，如图4-36所示，配筋具体数值按设计要求。钢筋排布构造如图4-37所示。

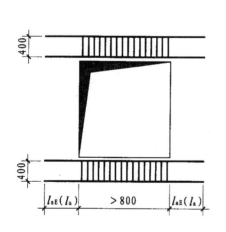

图4-36　剪力墙矩形洞口补强钢筋构造
（剪力墙矩形洞口宽度和高度均大于800mm）

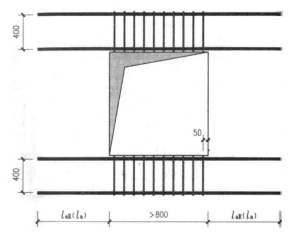

图4-37　剪力墙洞口钢筋排布构造
（剪力墙方洞洞边尺寸大于800mm）

当洞口上边或下边为连梁时，不再重复补强暗梁，洞口竖向两侧设置剪力墙边缘构件。洞口被切断的剪力墙竖向分布钢筋设置弯钩，弯钩长度为 $15d$，在暗梁纵筋内侧锚入梁中。

（2）剪力墙圆形洞口补强钢筋构造

1）剪力墙圆形洞口直径不大于 300mm 时的洞口需补强钢筋。剪力墙水平分布筋与竖向分布钢筋遇洞口不截断，均绕洞口边缘通过；或按设计标注在洞口每侧补强纵筋，锚固长度为两边均不小于 $l_{aE}(l_a)$，如图 4-38 所示。钢筋排布构造如图 4-39 所示。

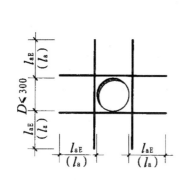

图 4-38　剪力墙圆形洞口补强钢筋构造
（圆形洞口直径不大于 300mm）

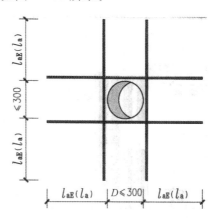

图 4-39　剪力墙圆形洞口钢筋排布构造
（圆形洞口直径不大于 300mm）

2）剪力墙圆形洞口直径大于 300mm 且小于等于 800mm 的洞口需补强钢筋。洞口每侧补强钢筋设计标注内容，锚固长度均应≥$l_{aE}(l_a)$，如图 4-40 所示。钢筋排布构造如图 4-41 所示。

图 4-40　剪力墙圆形洞口补强钢筋构造
（圆形洞口直径大于 300mm 且小于等于 800mm）

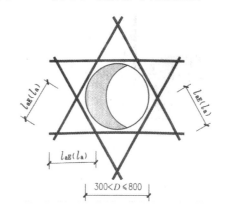

图 4-41　剪力墙圆形洞口钢筋排布构造
（圆形洞口直径大于 300mm 且小于等于 800mm）

3）剪力墙圆形洞口直径大于 800mm 时的洞口需补强钢筋。当洞口上边或下边为剪力墙连梁时，不再重复设置补强暗梁。洞口每侧补强钢筋设计标注内容，锚固长度均应≥$\max(l_{aE}$，300mm)，如图 4-42 所示。钢筋排布构造如图 4-43 所示。

（3）连梁中部洞口

连梁中部有洞口时，洞口边缘距离连梁边缘不小于 $\max(h/3，200mm)$。洞口每侧补强纵筋与补强箍筋按设计标注，补强钢筋的锚固长度为不小于 $l_{aE}(l_a)$，如图 4-44 所示。

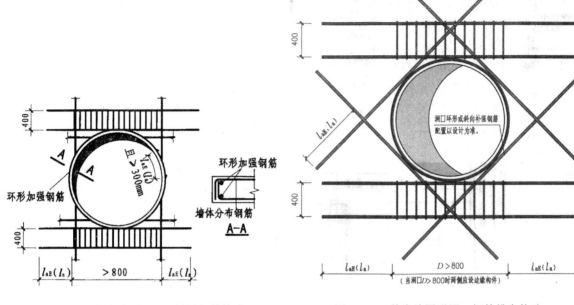

图4-42 剪力墙圆形洞口补强钢筋构造
（圆形洞口直径大于800mm）

图4-43 剪力墙圆形洞口钢筋排布构造
（圆形洞口直径大于800mm）

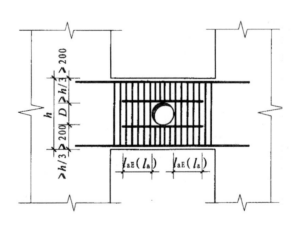

图4-44 剪力墙连梁洞口补强钢筋构造

【实　　例】

【例4-9】 标准屋顶梁配筋识图。

图4-45为标准屋顶梁配筋平面图（将墙梁和楼面梁平面布置合二为一），图4-46为相应的连梁类型和连梁表，表4-10为相应的剪力墙身表，表4-11为连梁和墙身相应的图纸说明。

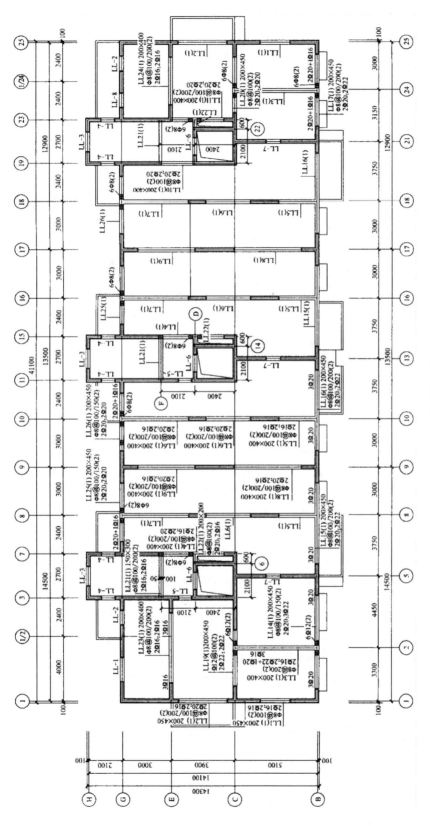

图 4 - 45 标准层顶梁配筋平面图

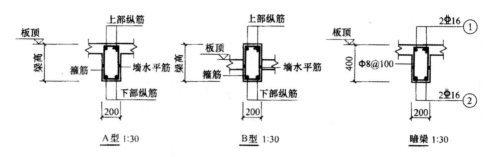

图 4-46 连梁类型和连梁表

连梁表

梁号	类型	上部纵筋	下部纵筋	梁箍筋	梁宽/mm	跨度/mm	梁高/mm	梁底标高/mm（相对本层顶板结构标高,下沉为正）
LL-1	B	2Φ25	2Φ25	Φ8@100	200	1500	1400	450
LL-2	A	2Φ18	2Φ18	Φ8@100	200	900	450	450
LL-3	B	2Φ25	2Φ25	Φ8@100	200	1200	1300	1800
LL-4	B	4Φ20	4Φ20	Φ8@100	200	800	1800	0
LL-5	A	2Φ18	2Φ18	Φ8@100	200	900	750	750
LL-6	A	2Φ18	2Φ18	Φ8@100	200	1100	580	580
LL-7	A	2Φ18	2Φ18	Φ8@100	200	900	750	750
LL-8	B	2Φ25	2Φ25	Φ8@100	200	900	1800	1350

表 4-10　　　　　　　　　　　**剪 力 墙 身 表**

墙　号	水平分布钢筋	垂直分布钢筋	拉　筋	备　　注
Q1	Φ12@250	Φ12@250	Φ8@500	3、4 层
Q2	Φ10@250	Φ10@250	Φ8@500	5～16 层

表 4-11　　　　　　　　　**标准层顶梁配筋平面图图纸说明**

说明:
1. 混凝土等级 C30，钢筋采用 HPB300（Φ），HRB400（Φ）。
2. 所有混凝土剪力墙上楼层板顶标高（建筑标高－0.05）处均设暗梁。
3. 未注明墙均为 Q1 对，称轴线分中。
4. 未注明主次梁相交处的次梁两侧各加设 3 根间距 50mm、直径同主梁箍筋直径的箍筋。
5. 未注明处梁配筋及墙梁配筋见 11G101-1 图集，施工人员必须阅读图集说明，理解各种规定，严格按设计要求施工。

从图中可以了解以下内容:

1）图 4-45 为标准层顶梁平法施工图，绘制比例为 1：100。

2）轴线编号及其间距尺寸与建筑图、框支柱平面布置图一致。

3）阅读结构设计总说明或图纸说明可知，剪力墙混凝土强度等级为 C30。一、二层剪力墙及转换层以上两层剪力墙，抗震等级为三级，以上各层抗震等级为四级。

4）对照建筑图和顶梁配筋平面图可知，所有洞口的上方均设有连梁，图中共 8 种连梁，其中 LL-1 和 LL-8 各 1 根，LL-2 和 LL-5 各 2 根，LL-3、LL-6 和 LL-7 各 3 根，LL-4 共 6 根，平面位置如图 4-45 所示。查阅连梁表知，各个编号连梁的梁底标高、截面宽度和高度、连梁跨度、上部纵向钢筋、下部纵向钢筋及箍筋。从图 4-46 可知，连梁的侧面构造钢筋即为剪力墙配置的水平分布筋，其在 3、4 层为直径 12mm、间距 250mm 的 HRB400 级钢筋，在

5～16 层为直径 10mm、间距 250mm 的 HRB400 级钢筋。

　　5）查阅平法标准构造详图可知，连梁纵向钢筋伸入剪力墙内的锚固要求和箍筋构造如图 4-25〔洞口连接（端部墙肢较短），单洞口连梁（单跨）〕所示。因转换层以上两层（3、4 层）剪力墙，抗震等级为三级，以上各层抗震等级为四级，知 3、4 层（标高 6.950～12.550m）纵向钢筋锚固长度为 31d，5～16 层（标高 12.550～49.120m）纵向钢筋锚固长度为 30d。顶层洞口连梁纵向钢筋伸入墙内的长度范围内，应设置间距为 150mm 的箍筋，箍筋直径与连梁跨内箍筋直径相同。

　　6）图中剪力墙身的编号只有一种，平面位置如图 4-45 所示，墙厚为 200mm。查阅剪力墙身表知，剪力墙水平分布钢筋和垂直分布钢筋均相同，在 3、4 层直径为 12mm、间距为 250mm 的 HRB400 级钢筋，在 5～16 层直径为 10mm、间距为 250mm 的 HPB400 级钢筋。拉筋直径为 8mm 的 HRB400 级钢筋，间距为 500mm。

　　7）查阅 11G101-1 图集可知，剪力墙身水平分布筋的锚固和搭接构造见图 4-5（翼墙）、图 4-6（转角墙）、图 4-7（端部无暗柱时剪力墙水平钢筋端部做法）、图 4-9（剪力墙水平钢筋交错搭接）构造图，剪力墙身竖向分布筋的顶层锚固、搭接和拉筋构造如图 4-15、图 4-13（d）、图 4-47 所示。因转换层以上两层（3、4 层）剪力墙，抗震等级为三级，以上各层抗震等级为四级，知 3、4 层（标高 6.950～12.550m）墙身竖向钢筋在转换梁内的锚固长度不小于 l_{aE}，水平分布筋锚固长度 l_{aE} 为 31d，5～16 层（标高 12.550～49.120m）水平分布筋锚固长度 l_{aE} 为 24d，各层搭接长度为 1.4l_{aE}；3、4 层（标高 6.950～12.550m）水平分布筋锚固长度 l_{aE} 为 31d，5～16 层（标高 12.550～49.120m）水平分布筋锚固长度 l_{aE} 为 24d，各层搭接长度为 1.6l_{aE}。

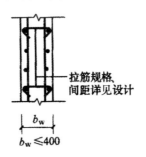

图 4-47　剪力墙双排配筋
b_w——剪力墙垂直方向的厚度

　　8）根据图纸说明，所有混凝土剪力墙上楼层板顶标高处均设暗梁，梁高为 400mm，上部纵向钢筋和下部纵向钢筋同为 2 根直径 16mm 的 HRB400 级钢筋，箍筋直径为 8mm、间距为 100mm 的 HPB300 级钢筋，梁侧面构造钢筋即为剪力墙配置的水平分布筋，在 3、4 层设直径为 12mm、间距为 250mm 的 HRB400 级钢筋，在 5～16 层设直径为 10mm、间距为 250mm 的 HRB400 级钢筋。

5

板构件钢筋识图

5.1 有梁楼盖板平法识图

常遇问题

1. 有梁楼盖板的平法施工图有哪些表示方法？
2. 在板结构中，平面坐标方向是如何规定的？
3. 板块集中标注包括哪些内容？
4. 板支座原位标注包括哪些内容？

【识图方法】

◆有梁楼盖板平法施工图表示方法

有梁楼盖板平法施工图，系在楼面板和屋面板布置图上，采用平面注写的表达方式，如图 5-1 所示。板平面注写主要包括板块集中标注和板支座原位标注。

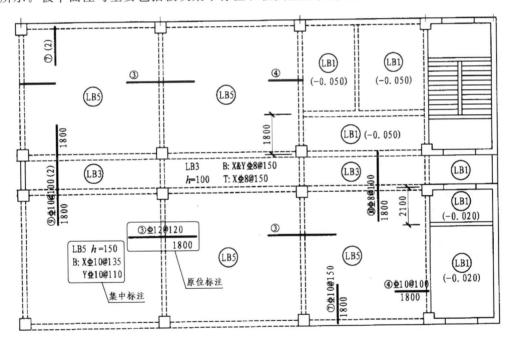

图 5-1　板平面表达方式

为方便设计表达和施工识图，规定结构平面的坐标方向为：

1）当两向轴网正交布置时，图面从左至右为 X 向，从下至上为 Y 向；

2）当轴网转折时，局部坐标方向顺轴网转折角度做相应转折；

3）当轴网向心布置时，切向为 X 向，径向为 Y 向。

此外，对于平面布置比较复杂的区域，如轴网转折交界区域、向心布置的核心区域等，其平面坐标方向应由设计者另行规定并在图上明确表示。

◆**板块集中标注**

板块集中标注的内容包括板块编号、板厚、贯通纵筋，以及当板面标高不同时的标高高差。

（1）板块编号

首先来介绍下板块的定义。板块：对于普通楼盖，两向均以一跨为一板块；对于密肋楼盖，两向主梁（框架梁）均以一跨为一板块（非主梁密肋不计）。板块编号的表达方式见表5-1。

表5-1 板 块 编 号

板 类 型	代 号	序 号
楼板	LB	××
屋面板	WB	××
悬挑板	XB	××

所有板块应逐一编号，相同编号的板块可择其一做集中标注，其他仅注写置于圆圈内的板编号，以及当板面标高不同时的标高高差。

（2）板厚

板厚的注写方式为 $h=×××$（为垂直于板面的厚度）；当悬挑板的端部改变截面厚度时，用斜线分隔根部与端部的高度值，注写方式为 $h=×××/×××$；当设计已在图注中统一注明板厚时，此项可不注。

（3）贯通纵筋

板构件的贯通纵筋，按板块的下部和上部分别注写（当板块上部不设贯通纵筋时则不注），并以 B 代表下部，以 T 代表上部，B&T 代表下部与上部；X 向贯通纵筋以 X 打头，Y 向贯通纵筋以 Y 打头，两向贯通纵筋配置相同时则以 X&Y 打头。

当为单向板时，分布筋可不必注写，而在图中统一注明。

当在某些板内（例如悬挑板 XB 的下部）配置有构造钢筋时，则 X 向以 Xc，Y 向以 Yc 打头注写。

当 Y 向采用放射配筋时（切向为 X 向，径向为 Y 向），设计者应注明配筋间距的定位尺寸。

当贯通筋采用两种规格钢筋"隔一布一"方式时，表达为 φxx/yy@×××，表示直径为 xx 的钢筋和直径为 yy 的钢筋二者之间间距为×××，直径 xx 的钢筋的间距为×××的 2 倍，直径 yy 的钢筋的间距为×××的 2 倍。

◆**板支座原位标注**

板支座原位标注的内容为：板支座上部非贯通纵筋和悬挑板上部受力钢筋。

板支座原位标注的钢筋，应在配置相同跨的第一跨表达（当在梁悬挑部位单独配置时则在原位表达）。在配置相同跨的第一跨（或梁悬挑部位），垂直于板支座（梁或墙）绘制一段适宜长度的中粗实线（当该筋通长设置在悬挑板或短跨板上部时，实线段应画至对边或贯通短跨），以该线段代表支座上部非贯通纵筋，并在线段上方注写钢筋编号（如①、②等）、配筋值、横向连续布置的跨数（注写在括号内，且当为一跨时可不注），以及是否横向布置到梁的悬挑端。

板支座上部非贯通筋自支座中线向跨内的伸出长度，注写在线段的下方位置。

当中间支座上部非贯通纵筋向支座两侧对称伸出时，可仅在支座一侧线段下方标注伸出长度，另一侧不注，如图5-2所示。

当向支座两侧非对称伸出时，应分别在支座两侧线段下方注写伸出长度，如图5-3所示。

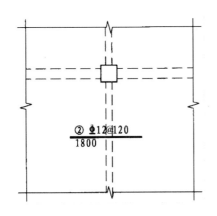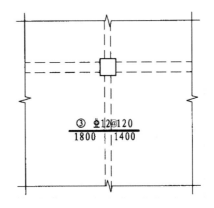

图 5-2　板支座上部非贯通筋对称伸出　　　　图 5-3　板支座上部非贯通筋非对称伸出

对线段画至对边贯通全跨或贯通全悬挑长度的上部通长纵筋，贯通全跨或伸出至全悬挑一侧的长度值不注，只注明非贯通筋另一侧的伸出长度值，如图 5-4 所示。

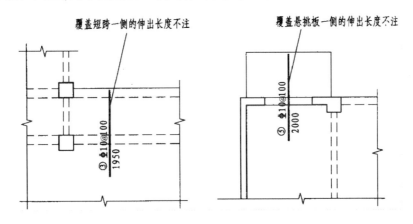

图 5-4　板支座上部非贯通筋贯通全跨或伸至悬挑端

当板支座为弧形，支座上部非贯通纵筋呈放射状分布时，设计者应注明配筋间距的度量位置并加注"放射分布"四字，必要时应补绘平面配筋图，如图 5-5 所示。

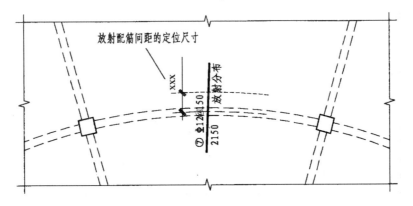

图 5-5　弧形支座处放射配筋

关于悬挑板的注写方式如图 5-6 所示。当悬挑板端部厚度不小于 150mm 时，设计者应指定板端部封边构造方式，当采用 U 形钢筋封边时，尚应指定 U 形钢筋的规格、直径。

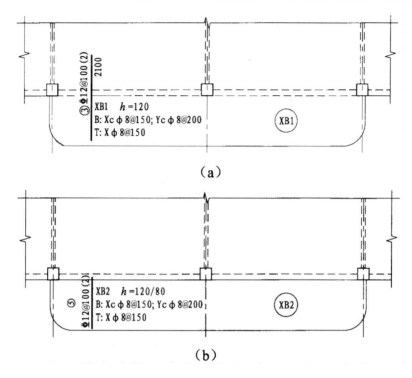

（a）

（b）

图 5-6　悬挑板支座非贯通筋

在板平面布置图中，不同部位的板支座上部非贯通纵筋及悬挑板上部受力钢筋，可仅在一个部位注写，对其他相同者则仅需在代表钢筋的线段上注写编号及按本条规则注写横向连续布置的跨数即可。

此外，与板支座上部非贯通纵筋垂直且绑扎在一起的构造钢筋或分布钢筋，应由设计者在图中注明。

当板的上部已配置有贯通纵筋，但需增配板支座上部非贯通纵筋时，应结合已配置的同向贯通纵筋的直径与间距采取"隔一布一"方式配置。

"隔一布一"方式，为非贯通纵筋的标注间距与贯通纵筋相同，两者组合后的实际间距为各自标注间距的 1/2。当设定贯通纵筋为纵筋总截面面积的 50% 时，两种钢筋应取相同直径；当设定贯通纵筋大于或小于总截面面积的 50% 时，两种钢筋则取不同直径。

【实　　例】

【例 5-1】　有一楼面板块注写为：LB5　$h=110$

B：X ⊈ 12@120；Y ⊈ 10@110

表示 5 号楼面板，板厚为 110mm，板下部配置的贯通纵筋 X 向为 ⊈ 12@120，Y 向为 ⊈ 10@110；板上部未配置贯通纵筋。

【例 5-2】　有一楼面板块注写为：LB5　$h=110$

B：X ⊈ 10/12@100；Y ⊈ 10@110

表示 5 号楼面板，板厚为 110mm，板下部配置的贯通纵筋 X 向为 Φ 10、Φ 12 隔一布一，Φ 10 与 Φ 12 之间间距为 100mm；Y 向为 Φ 10@110；板上部未配置贯通纵筋。

【例 5 - 3】 有一悬挑板注写为：XB2 $h=150/100$
$$B：Xc\&Yc \Phi 8@200$$

表示 2 号悬挑板，板根部厚为 150mm，端部厚 100mm，板下部配置构造钢筋双向均为 Φ 8@200（上部受力钢筋见板支座原位标注）。

【例 5 - 4】 在板平面布置图某部位，横跨支承梁绘制的对称线段上注有⑦Φ 12@100(5A) 和 1500，表示支座上部⑦号非贯通纵筋为 Φ 12@100，从该跨起沿支承梁连续布置 5 跨加梁一端的悬挑端，该筋自支座中线向两侧跨内的伸出长度均为 1500mm。在同一板平面布置图的另一部位横跨梁支座绘制的对称线段上注有⑦（2）者，系表示该筋同⑦号纵筋，沿支承梁连续布置 2 跨，且无梁悬挑端布置。

【例 5 - 5】 板上部已配置贯通纵筋 Φ 12@250，该跨同向配置的上部支座非贯通纵筋为⑤Φ 12@250，表示在该支座上部设置的纵筋实际为 Φ 12@125，其中 1/2 为贯通纵筋，1/2 为⑤号非贯通纵筋（伸出长度值略）。

【例 5 - 6】 板上部已配置贯通纵筋 Φ 10@250，该跨配置的上部同向支座非贯通纵筋为③Φ 12@250，表示该跨实际设置的上部纵筋为 Φ 10 和 Φ 12 间隔布置，二者之间间距为 125mm。

5.2 无梁楼盖板平法识图

常遇问题

1. 无梁楼盖板平法施工图有哪些表示方法？
2. 板带集中标注包括哪些内容？
3. 板带支座原位标注包括哪些内容？
4. 暗梁有哪些表示方法？

【识图方法】

◆无梁楼盖板平法施工图表示方法

无梁楼盖平法施工图，系在楼面板和屋面板布置图上，采用平面注写的表达方式。

板平面注写主要有板带集中标注、板带支座原位标注两部分内容，如图 5-7 所示。

集中标注应在板带贯通纵筋配置相同跨的第一跨（X 向为左端跨，Y 向为下端跨）注写。相同编号的板带可择其一做集中标注，其他仅注写板带编号（注在圆圈内）。

◆板带集中标注

板带集中标注的具体内容为：板带编号、板带厚及板带宽和贯通纵筋。

1）板带编号。板带编号的表达形式见表 5-2。

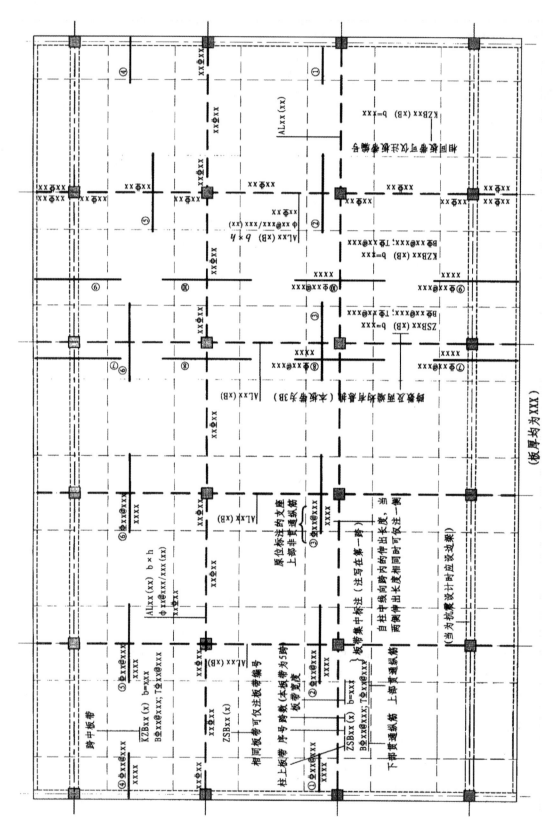

图 5－7 无梁楼盖板注写方式

表 5 - 2　　　　　　　　　　　　**板　带　编　号**

板带类型	代　号	序　号	跨数及有无悬挑
柱上板带	ZSB	××	（××）、（××A）或（××B）
跨中板带	KZB	××	（××）、（××A）或（××B）

注　1. 跨数按柱网轴线计算（两相邻柱轴线之间为一跨）。

　　2.（××A）为一端有悬挑，（××B）为两端有悬挑，悬挑不计入跨数。

2）板带厚及板带宽。板带厚注写为 $h=×××$，板带宽注写为 $b=×××$。当无梁楼盖整体厚度和板带宽度已在图中注明时，此项可不注。

3）贯通纵筋。贯通纵筋按板带下部和板带上部分别注写，并以 B 代表下部，T 代表上部，B&T 代表下部和上部。当采用放射配筋时，设计者应注明配筋间距的度量位置，必要时补绘配筋平面图。

4）当局部区域的板面标高与整体不同时，应在无梁楼盖的板平法施工图上注明板面标高高差及分布范围。

◆板带原位标注

板带支座原位标注的具体内容为：板带支座上部非贯通纵筋。

以一段与板带同向的中粗实线段代表板带支座上部非贯通纵筋；对柱上板带：实线段贯穿柱上区域绘制；对跨中板带：实线段横贯柱网轴线绘制。在线段上注写钢筋编号（如①、②等）、配筋值及在线段的下方注写自支座中线向两侧跨内的伸出长度。

当板带支座非贯通纵筋自支座中线向两侧对称伸出时，其伸出长度可仅在一侧标注；当配置在有悬挑端的边柱上时，该筋伸出到悬挑尽端，设计不注。当支座上部非贯通纵筋呈放射分布时，设计者应注明配筋间距的定位位置。

不同部位的板带支座上部非贯通纵筋相同者，可仅在一个部位注写，其余则在代表非贯通纵筋的线段上注写编号。

当板带上部已经配有贯通纵筋，但需增加配置板带支座上部非贯通纵筋时，应结合已配同向贯通纵筋的直径与间距，采取"隔一布一"的方式配置。

◆暗梁的表示方法

暗梁平面注写包括暗梁集中标注、暗梁支座原位标注两部分内容。施工图中在柱轴线处画中粗虚线表示暗梁。

（1）暗梁集中标注

暗梁集中标注包括暗梁编号、暗梁截面尺寸（箍筋外皮宽度×板厚）、暗梁箍筋、暗梁上部通长筋或架立筋四部分内容。暗梁编号见表 5 - 3。

表 5 - 3　　　　　　　　　　　　**暗　梁　编　号**

构件类型	代　号	序　号	跨数及有无悬挑
暗梁	AL	××	（××）、（××A）或（××B）

注　1. 跨数按柱网轴线计算（两相邻柱轴线之间为一跨）。

　　2.（××A）为一端有悬挑，（××B）为两端有悬挑，悬挑不计入跨数。

（2）暗梁支座原位标注

暗梁支座原位标注包括梁支座上部纵筋、梁下部纵筋。当在暗梁上集中标注的内容不适用于某跨或某悬挑端时，则将其不同数值标注在该跨或该悬挑端，施工时按原位注写取值。

当设置暗梁时，柱上板带及跨中板带标注方式与板带集中标注和板支座原位标注的内容一致。柱上板带标注的配筋仅设置在暗梁之外的柱上板带范围内。

暗梁中纵向钢筋连接、锚固及支座上部纵筋的伸出长度等要求同轴线处柱上板带中纵向钢筋。

【实　　例】

【例 5 - 7】　设有一板带注写为：ZSB2(5A)　　$h=300$　$b=3000$

$$B=\Phi\,16@100；T\,\Phi\,18@200$$

表示 2 号柱上板带，有 5 跨且一端有悬挑；板带厚为 300mm，宽为 3000mm；板带配置贯通纵筋下部为 $\Phi 16@100$，上部为 $\Phi 18@200$。

【例 5 - 8】　设有平面布置图的某部位，在横跨板带支座绘制的对称线段上注有⑦$\Phi 18@$ 250，在线段一侧的下方注有 1500，系表示支座上部⑦号非贯通纵筋为 $\Phi 18@250$，自支座中线向两侧跨内的伸出长度均为 1500mm。

5.3　板构件钢筋构造识图

常遇问题

1. 有梁楼盖楼（屋）面板配筋构造包括哪些内容？
2. 单（双）向板配筋构造包括哪些内容？
3. 悬挑板配筋构造包括哪些内容？
4. 板带纵向钢筋构造包括哪些内容？

【识图方法】

◆有梁楼盖楼（屋）面板配筋构造

有梁楼盖楼（屋）面板配筋构造如图 5-8 所示。

（1）中间支座钢筋构造

1）上部纵筋

①上部非贯通纵筋向跨内伸出长度详见设计标注。

②与支座垂直的贯通纵筋贯通跨越中间支座，上部贯通纵筋连接区在跨中 1/2 跨度范围之内；相邻等跨或不等跨的上部贯通纵筋配置不同时，应将配置较大者越过其标注的跨数终点或起点延伸至相邻跨的跨中连接区域连接。

与支座同向的贯通纵筋的第一根钢筋在距梁角筋为 1/2 板筋间距处开始设置。

2）下部纵筋

①与支座垂直的贯通纵筋伸入支座 $5d$ 且至少到梁中线；

②与支座同向的贯通纵筋第一根钢筋在距梁角筋 1/2 板筋间距处开始设置。

（2）端部支座钢筋构造

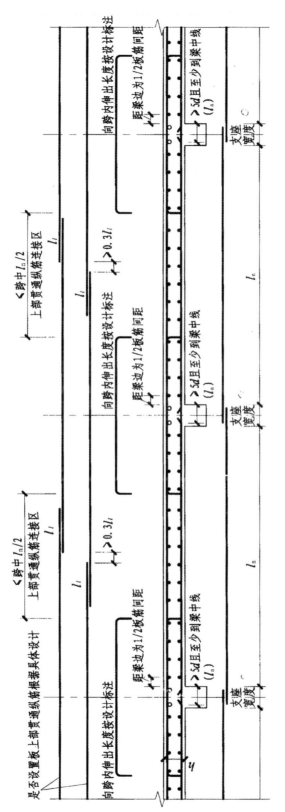

图 5－8 有梁楼盖楼（屋）面板配筋构造

1）端部支座为梁。当端部支座为梁时，楼板端部构造如图 5-9 所示。

①板上部贯通纵筋伸至梁外侧角筋的内侧弯钩，弯折长度为 15d。当设计按铰接时，弯折水平段长度≥0.35l_{ab}；当充分利用钢筋的抗拉强度时，弯折水平段长度≥0.6l_{ab}。

②板下部贯通纵筋在端部支座的直锚长度≥5d 且至少到梁中线；梁板式转换层的板，下部贯通纵筋在端部支座的直锚长度为 l_a。

2）端部支座为剪力墙。当端部支座为剪力墙时，楼板端部构造如图 5-10 所示。

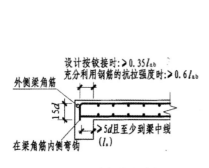

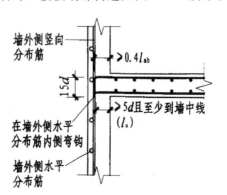

图 5-9　端部支座为梁　　　　　　图 5-10　端部支座为剪力墙

①板上部贯通纵筋伸至墙身外侧水平分布筋的内侧弯钩，弯折长度为 15d。弯折水平段长度为 0.4l_{ab}。

②板下部贯通纵筋在端部支座的直锚长度≥5d 且至少到墙中线。

3）端部支座为砌体墙的圈梁。当端部支座为砌体墙的圈梁时，楼板端部构造如图 5-11 所示。

①板上部贯通纵筋伸至圈梁外侧角筋的内侧弯钩，弯折长度为 15d。当设计按铰接时，弯折水平段长度≥0.35l_{ab}；当充分利用钢筋的抗拉强度时，弯折水平段长度≥0.6l_{ab}。

②板下部贯通纵筋在端部支座的直锚长度≥5d 且至少到梁中线。

4）端部支座为砌体墙。当端部支座为砌体墙时，楼板端部构造如图 5-12 所示。

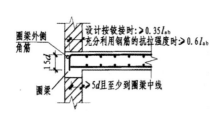

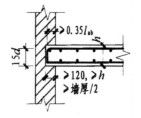

图 5-11　端部支座为砌体墙的圈梁　　　　图 5-12　端部支座为砌体墙

板在端部支座的支承长度≥120mm，≥h（楼板的厚度）且≥1/2 墙厚。板上部贯通纵筋伸至板端部（扣减一个保护层），然后弯折 15d。板下部贯通纵筋伸至板端部（扣减一个保护层）。

◆单（双）向板配筋构造

单（双）向板配筋构造如图 5-13 所示。

1）在搭接范围内，相互搭接的纵筋与横向钢筋的每个交叉点均应进行绑扎。

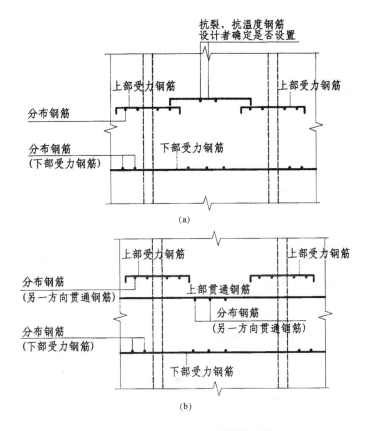

图 5-13 单（双）向板配筋示意
(a) 分离式配筋；(b) 部分贯通式配筋

2) 抗裂构造钢筋自身及其与受力主筋搭接长度为 150mm，抗温度筋自身及其与受力主筋搭接长度为 l_l。

3) 板上下贯通筋可兼作抗裂构造筋和抗温度筋。当下部贯通筋兼作抗温度筋时，其在支座的锚固由设计者确定。

4) 分布钢筋自身及其与受力主筋、构造钢筋的搭接长度为 150mm；当分布筋兼作抗温度筋时，其自身及与受力主筋、构造钢筋的搭接长度为 l_l；其在支座的锚固按受拉要求考虑。

◆纵向钢筋非接触搭接构造

板的钢筋连接，除了搭接连接、焊接连接和机械连接外，还有一种非接触方式的绑扎搭接连接，如图 5-14 所示。在搭接范围内，相互搭接的纵筋与横向钢筋的每个交叉点均应进行绑扎。非接触搭接使混凝土能够与搭接范围内所有钢筋的全表面充分黏结，可以提高搭接钢筋之间通过混凝土传力的可靠度。

◆悬挑板的配筋构造

1) 跨内外板面同高的延伸悬挑板，如图 5-15 所示。

由于悬臂支座处的负弯矩对内跨中有影响，会在内跨跨中出现负弯矩，因此：

①上部钢筋可与内跨板负筋贯通设置，或伸入支座内锚固 l_a。

②悬挑较大时，下部配置构造钢筋并铺入支座内≥12d，并至少伸至支座中心线处。

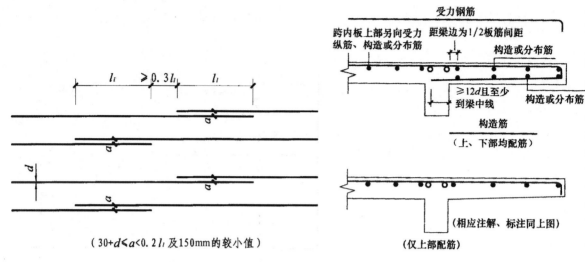

图 5-14　纵向钢筋非接触搭接构造

图 5-15　跨内外板面同高的延伸悬挑板

2）跨内外板面不同高的延伸悬挑板，如图 5-16 所示。

①悬挑板上部钢筋锚入内跨板内直锚 l_a，与内跨板负筋分离配置。

②不得弯折连续配置上部受力钢筋。

③悬挑较大时，下部配置构造钢筋并锚入支座内≥12d，并至少伸至支座中心线处。

④内跨板的上部受力钢筋的长度，根据板上的均布活荷载设计值与均布恒荷载设计值的比值确定。

3）纯悬挑板，如图 5-17 所示。

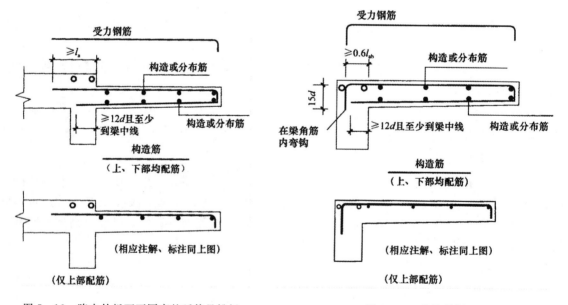

图 5-16　跨内外板面不同高的延伸悬挑板

图 5-17　纯悬挑板

①悬挑板上部是受力钢筋，受力钢筋在支座的锚固，宜采用 90°弯折锚固，伸至梁远端纵筋内侧下弯。

②悬挑较大时，下部配置构造钢筋并锚入支座内≥12d，并至少伸至支座中心线处。

③注意支座梁的抗扭钢筋的配置：支撑悬挑板的梁，梁筋受到扭矩作用，扭力在最外侧两端最大，梁中纵向钢筋在支座内的锚固长度，按受力钢筋进行锚固。

4）现浇挑檐、雨篷等伸缩缝间距不宜大于12m。

对现浇挑檐、雨篷、女儿墙长度大于12m，考虑其耐久性的要求，要设2cm左右温度间隙，钢筋不能切断，混凝土构件可断。

5）考虑竖向地震作用时，上、下受力钢筋应满足抗震锚固长度要求。

这对于复杂高层建筑物中的长悬挑板，由于考虑负风压产生的吸力，在北方地区高层、超高层建筑物中采用的是封闭阳台，在南方地区很多采用非封闭阳台。

6）悬挑板端部封边构造方式，如图5-18所示。

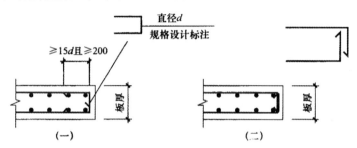

图5-18　无支撑板端部封边构造

（当板厚≥150mm时）

当悬挑板板端部厚度不小于150mm时，设计者应指定板端部封边构造方式，当采用U形钢筋封边时，尚应指定U型钢筋的规格、直径。

◆板带纵向钢筋构造

（1）柱上板带纵向钢筋构造

柱上板带纵向钢筋构造如图5-19所示。

1）柱上板带上部贯通纵筋的连接区在跨中区域；上部非贯通纵筋向跨内延伸长度按设计标注；非贯通纵筋的端点就是上部贯通纵筋连接区的起点。

2）当相邻等跨或不等跨的上部贯通纵筋配置不同时，应将配置较大者越过其标注的跨数终点或起点伸出至相邻跨的跨中连接区域连接。

（2）跨中板带纵向钢筋构造

跨中板带纵向钢筋构造如图5-20所示。

1）跨中板带上部贯通纵筋连接区在跨中区域。

2）下部贯通纵筋连接区的位置就在正交方向柱上板带的下方。

（3）板带端支座纵向钢筋构造

板带端支座纵向钢筋构造如图5-21所示。

1）当为抗震设计时，应在无梁楼盖的周边设置梁。

2）柱上板带上部贯通纵筋与非贯通纵筋伸至柱内侧弯折15d，当为非抗震设计时，水平段锚固长度≥$0.6l_{ab}$；当为抗震设计时，水平段锚固长度≥$0.6l_{abE}$。

3）跨中板带上部贯通纵筋与非贯通纵筋伸至柱内侧弯折15d，当设计按铰接时，水平段锚固长度≥$0.35l_{ab}$；当设计充分利用钢筋的抗拉强度时，水平段锚固长度≥$0.6l_{ab}$。

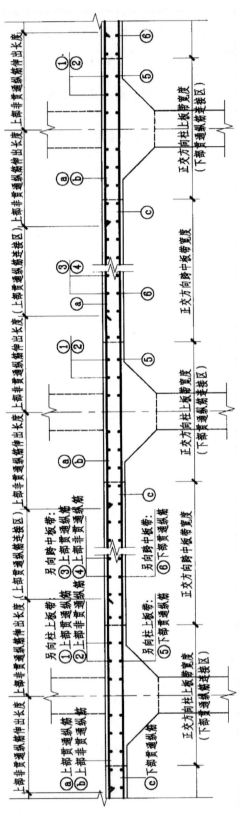

图 5-19 柱上板带纵向钢筋构造

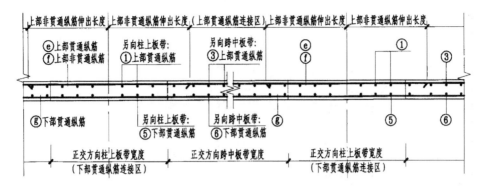

图 5-20 跨中板带 KZB 纵向钢筋构造

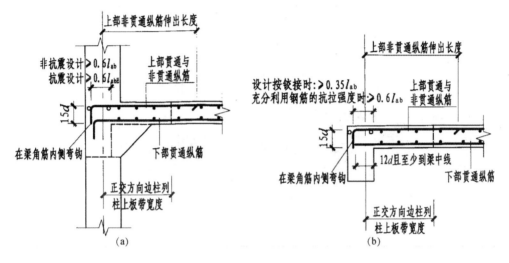

图 5-21 板带端支座纵向钢筋构造
(a) 柱上板带；(b) 跨中板带

（4）板带悬挑端纵向钢筋构造

板带悬挑端纵向钢筋构造如图 5-22 所示。

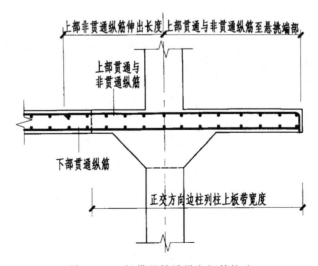

图 5-22 板带悬挑端纵向钢筋构造

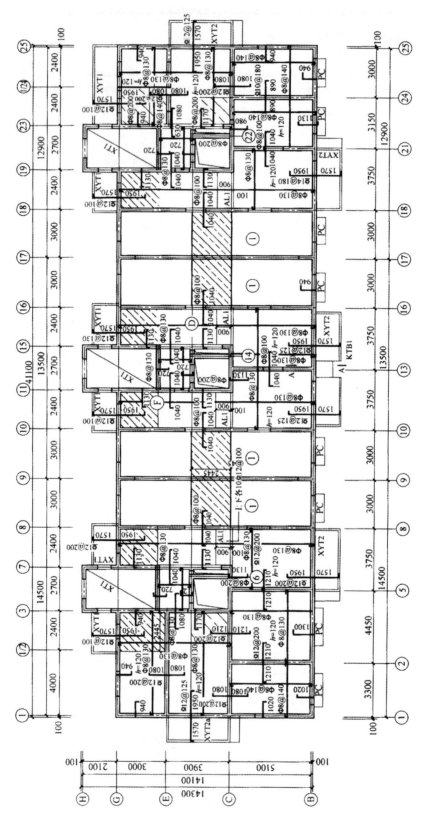

图 5 - 23　标准层顶板配筋平面图

板带的上部贯通纵筋与非贯通纵筋一直延伸至悬挑端部，然后拐90°的直钩伸至板底。板带悬挑端的整个悬挑长度包含在正交方向边柱列柱上板带宽度范围之内。

【实　　例】

【例5-9】　××工程现浇板钢筋构造识图

图5-23为××工程现浇板施工图，设计说明见表5-4。

表5-4　　　　　　　　　　　　　　标准层顶板配筋平面图设计说明

说明：
1. 混凝土等级C30，钢筋采用HPB300（φ），HRB400（Φ）
2. ▨ 所示范围为厨房或卫生间顶板，板顶标高为建筑标高-0.080m，其他部位板顶标高为建筑标高-0.050m，降板钢筋构造见11G101-1图集
3. 未注明板厚均为110mm
4. 未注明钢筋的规格均为φ8@140

从图中可以了解以下内容：

1）图5-23图为××工程标准层顶板配筋平面图，绘制比例为1∶100。

2）轴线编号及其间距尺寸，与建筑图、梁平法施工图一致。

3）根据图纸说明可知，板的混凝土强度等级为C30。

4）板厚度有110mm和120mm两种，具体位置和标高如图。

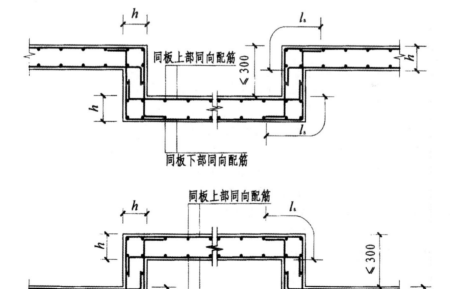

(a)

图5-24　局部升降板的升降高度大于等于板厚时配筋构造（一）

(a) 局部升降板SJB构造（板中升降）

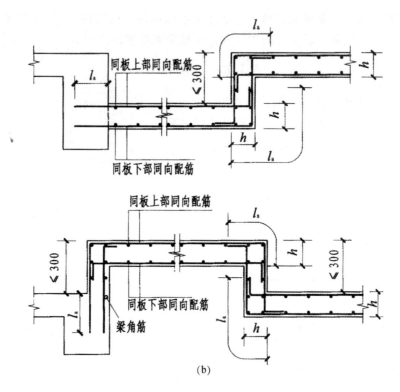

图 5－24　局部升降板的升降高度大于等于板厚时配筋构造（二）

（b）局部升降板 SJB 构造（侧边为梁）

5）以左下角房间为例，说明配筋：

①下部：下部钢筋弯钩向上或向左，受力钢筋为 φ8@140（直径为 8mm 的 HPB300 级钢筋，间距为 140mm）沿房屋纵向布置，横向布置钢筋同样为 φ8@140，纵向（房间短向）钢筋在下，横向（房间长向）钢筋在上。

②上部：上部钢筋弯钩向下或向右，与墙相交处有上部构造钢筋，①轴处沿房屋纵向设 φ8@140（未注明，根据图纸说明配置），伸出墙外 1020mm；②轴处沿房屋纵向设 Φ12@200，伸出墙外 1210mm；Ⓑ轴处沿房屋横向设 φ8@140，伸出墙外 1020mm；Ⓒ轴处沿房屋横向设 Φ12@200，伸出墙外 1080mm。上部钢筋作直钩顶在板底。

6）根据 11G101－1 图集，有梁楼盖现浇板的钢筋锚固和降板钢筋构造如图 5－8、图 5－9 和图 5－24 所示，其中 HPB300 级钢筋末端作 180°弯钩，在 C30 混凝土中 HPB300 级钢筋和 HRB400 级钢筋的锚固长度 l_a 分别为 $24d$ 和 $30d$。

6

板式楼梯钢筋识图

6.1 板式楼梯平法识图

常遇问题

1. 板式楼梯平面注写方式包括哪些内容？
2. 板式楼梯剖面注写方式包括哪些内容？
3. 板式楼梯列表注写方式包括哪些内容？

【识图方法】

◆板式楼梯平面注写方式

平面注写方式，系在楼梯平面布置图上注写截面尺寸和配筋具体数值的方式来表达楼梯施工图。包括集中标注和外围标注。

（1）集中标注

楼梯集中标注的内容包括：

1）梯板类型代号与序号，如 AT××。

2）梯板厚度，注写方式为 $h=×××$。当为带平板的梯板且梯段板厚度和平板厚度不同时，可在梯段板厚度后面括号内以字母 P 打头注写平板厚度。

3）踏步段总高度和踏步级数之间以"/"分隔。

4）梯板支座上部纵筋、下部纵筋之间以";"分隔。

5）梯板分布筋，以 F 打头注写分布钢筋具体值，该项也可在图中统一说明。

（2）外围标注

楼梯外围标注的内容，包括楼梯间的平面尺寸、楼层结构标高、层间结构标高、楼梯的上下方向、梯板的平面几何尺寸、平台板配筋、梯梁及梯柱配筋等。

◆板式楼梯剖面注写方式

剖面注写方式需在楼梯平法施工图中绘制楼梯平面布置图和楼梯剖面图，注写方式分平面注写、剖面注写两部分。

（1）平面注写

楼梯平面布置图注写内容，包括楼梯间的平面尺寸、楼层结构标高、层间结构标高、楼梯的上下方向、梯板的平面几何尺寸、梯板类型及编号、平台板配筋、梯梁及梯柱配筋等。

（2）剖面注写

楼梯剖面图注写内容，包括梯板集中标注、梯梁梯柱编号、梯板水平及竖向尺寸、楼层结构标高、层间结构标高等。

梯板集中标注的内容包括：

1）梯板类型及编号，如 AT××。

2）梯板厚度，注写方式为 $h=×××$。当梯板由踏步段和平板构成，且踏步段梯板厚度和平板厚度不同时，可在梯板厚度后面括号内以字母 P 打头注写平板厚度。

3）梯板配筋。注明梯板上部纵筋和梯板下部纵筋，用分号"；"将上部与下部纵筋的配筋值分隔开来。

4）梯板分布筋，以 F 打头注写分布钢筋具体值，该项也可在图中统一说明。

◆**板式楼梯列表注写方式**

列表注写方式，系用列表方式注写梯板截面尺寸和配筋具体数值的方式来表达楼梯施工图。

列表注写方式的具体要求同剖面注写方式，仅将剖面注写方式中的梯板集中标注中的梯板配筋注写项改为列表注写项即可。

梯板列表格式见表 6-1。

表 6-1　　　　　　　　　　　　　　　梯板几何尺寸和配筋

梯板编号	踏步段总高度/踏步级数	板厚 h/mm	上部纵向钢筋	下部纵向钢筋	分布筋

【实　　例】

【例 6-1】　$h=130$(P150)，130 表示梯段板厚度，150 表示梯板平板段的厚度。

【例 6-2】　平面图中梯板类型及配筋的完整标注示例如下（AT 型）：

AT1，$h=120$　梯板类型及编号，梯板板厚

1800/12　踏步段总高度/踏步级数

Φ10@200；Φ12@150　上部纵筋；下部纵筋

Fϕ8@250　梯板分布筋（可统一说明）

6.2　AT 型楼梯平面注写和标准配筋构造

常遇问题

1. AT 型楼梯平面注写方式与适用条件是什么？

2. AT 型楼梯板配筋构造措施有哪些？

【识图方法】

◆**AT 型楼梯平面注写方式与适用条件**

（1）AT 型楼梯的适用条件

两梯梁之间的矩形梯板全部由踏步段构成，即踏步段两端均以梯梁为支座。凡是满足该条件的楼梯均可为 AT 型，如双跑楼梯（图 6-1），双分平行楼梯（图 6-2），交叉楼梯（图 6-3）和剪刀楼梯（图 6-4）等。

（2）AT 型楼梯平面注写内容

AT 型楼梯平面注写方式如图 6-1 所示。其中：集中注写的内容有 5 项，第一项为梯板类

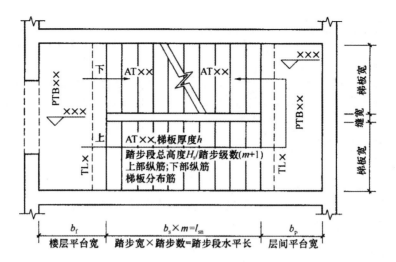

图6-1 AT型楼梯平面注写方式

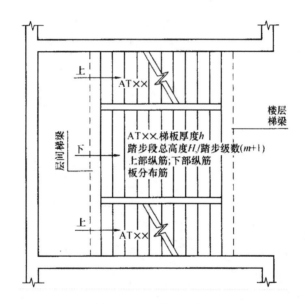

图6-2 双分平行楼梯

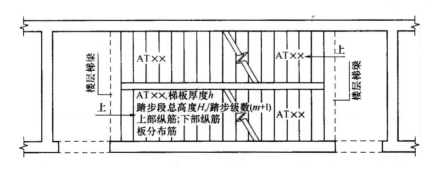

图6-3 交叉楼梯（无层间平台板）

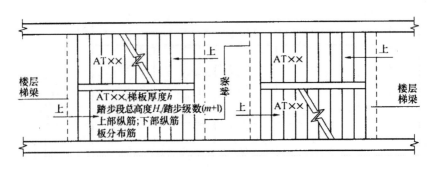

图 6-4　剪刀楼梯

型代号与序号 AT××；第二项为梯板厚度 h；第三项为踏步段总高度 H_s/踏步级数 $(m+1)$；第四项为上部纵筋及下部纵筋；第五项为梯板分布筋。

◆**AT 型楼梯板配筋构造**

1）当采用 HPB300 级光面钢筋时，除梯板上部纵筋的跨内端头做 90°直角弯钩外，所有末端应做 180°的弯钩。

2）图 6-5 中上部纵筋锚固长度 $0.35l_{ab}$ 用于设计按铰接的情况，括号内数据 $0.6l_{ab}$ 用于设计考虑充分发挥钢筋抗拉强度的情况，具体工程中设计应指明采用何种情况。

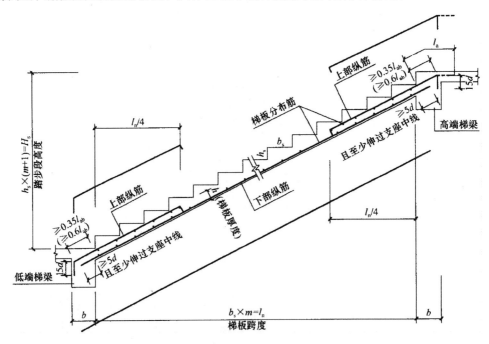

图 6-5　AT 型楼梯板配筋构造

l_n—梯板跨度；h—梯板厚度；b_s—踏步宽度；h_s—踏步高度；H_s—踏步段高度；m—踏步数；b—支座宽度；d—钢筋直径；l_{ab}—受拉钢筋基本锚固长度；l_a—受拉钢筋锚固长度

3）上部纵筋有条件时可直接伸入平台板内锚固，从支座内边算起总锚固长度不小于 l_a，如图 6-5 中虚线所示。

4）上部纵筋需伸至支座对边再向下弯折。

5）踏步两头高度调整如图 6-6 所示。

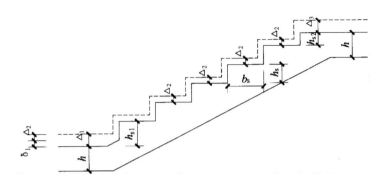

图 6-6 不同踏步位置推高与高度减小构造

δ_1—第一级与中间各级踏步整体竖向推高值；h_{s1}—第一级（推高后）踏步的结构高度；

h_{s2}—最上一级（减小后）踏步的结构高度；Δ_1—第一级踏步根部面层厚度；

Δ_2—中间各级踏步的面层厚度；Δ_3—最上一级踏步（板）面层厚度

【实　　例】

【例 6-3】 图 6-7 为 AT 型楼梯平法施工图设计示例。

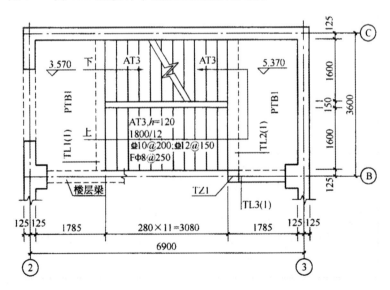

图 6-7　AT 型楼梯平法施工图（平面注写方式）设计示例

（▽3.570～▽5.370 楼梯平面）

从图中可以了解以下内容：

1）平面注写方式包括集中标注和外围标注。

2）图中集中标注有五项内容，分别是第一项为梯板类型代号与序号 AT3；第二项为梯板厚度 $h = 120\text{mm}$；第三项为踏步段总高度 $H_s = 1800\text{mm}$，踏步数为 12 级（步）；第四步梯板上部纵筋为 $\Phi 10@200$，下部纵筋为 $\Phi 12@150$；第五项梯板的分布筋为 $\phi 8@250$。

3）外围标注的内容是：楼梯间的平面尺寸开间为 $3600\text{mm}(1600 \times 2 + 125 \times 2 + 150)$，进深

为6900mm(1785×2+3080+125×2);层间的结构标高为5.370m;楼层的结构标高为3.570m;梯板的平面几何尺寸梯段宽为1600mm,梯段的水平投影长度为3080mm;梯井宽为150mm;楼层和层间平台宽均为1785mm;另外还有墙厚为250mm;楼梯的上下方向箭头;图中楼层和层间平台板、梯梁、梯柱的配筋的注写内容从略。

6.3 BT型楼梯平面注写和标准配筋构造

> **常遇问题**
> 1. BT型楼梯平面注写方式与适用条件是什么?
> 2. BT型楼梯板配筋构造措施有哪些?

【识图方法】

◆BT型楼梯平面注写方式与适用条件

(1) BT型楼梯的适用条件

两梯梁之间的矩形梯板由低端平板和踏步段构成,两部分的一端各自以梯梁为支座。凡是满足该条件的楼梯均可为BT型,如双跑楼梯 (图6-8),双分平行楼梯 (图6-9),交叉楼梯 (图6-10) 和剪刀楼梯 (图6-11) 等。

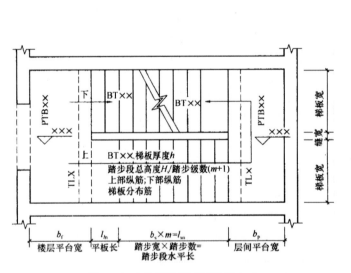

图6-8 BT型楼梯平面注写方式

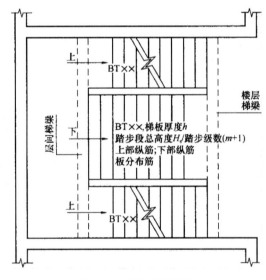

图6-9 双分平行楼梯

(2) BT型楼梯平面注写内容

BT型楼梯平面注定方式如图6-8所示。其中:集中注写的内容有5项,第一项为梯板类型代号与序号BT××;第二项为梯板厚度h;第三项为踏步段总高度H_s/踏步级数 ($m+1$);第四项为上部纵筋及下部纵筋;第五项为梯板分布筋。

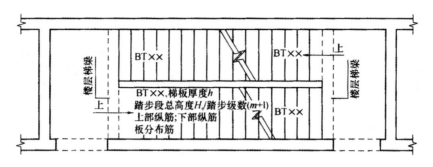

图 6-10　交叉楼梯（无层间平台板）

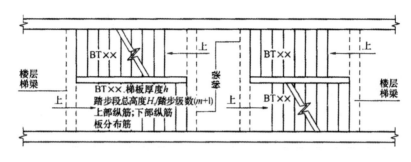

图 6-11　剪刀楼梯

◆BT 型楼梯板配筋构造

1）当采用 HPB300 级光面钢筋时，除梯板上部纵筋的跨内端头做 90°直角弯钩外，所有末端应做 180°的弯钩。

2）图 6-12 中上部纵筋锚固长度 $0.35l_{ab}$ 用于设计按铰接的情况，括号内数据 $0.6l_{ab}$ 用于设计考虑充分发挥钢筋抗拉强度的情况，具体工程中设计应指明采用何种情况。

3）上部纵筋有条件时可直接伸入平台板内锚固，从支座内边算起总锚固长度不小于 l_a，如图 6-11 中虚线所示。

4）上部纵筋需伸至支座对边再向下弯折。

5）踏步两头高度调整如图 6-6 所示。

【实　　例】

【例 6-4】　图 6-13 为 BT 型楼梯平法施工图设计示例。

从图中可以了解以下内容：

1）平面注写方式包括集中标注和外围标注。

2）图中集中标注有五项内容，分别是第一项为梯板类型代号与序号 BT3；第二项为梯板厚度 $h=120$mm；第三项为踏步段总高度 $H_s=1600$mm，踏步数为 10 级（步）；第四项梯板上部纵筋为 $\Phi 10@200$，下部纵筋为 $\Phi 12@150$；第五项梯板的分布筋为 $\Phi 8@250$。

3）外围标注的内容是：楼梯间的平面尺寸开间为 3600mm（1600×2＋125×2＋150），进深为 6900mm（1785×2＋3080＋125×2）；层间的结构标高为 5.170m；楼层的结构标高为 3.570m；

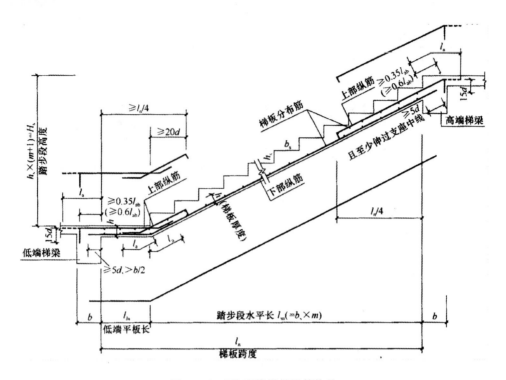

图 6-12 BT型楼梯板配筋构造

l_n—梯板跨度；h—梯板厚度；b_s—踏步宽度；h_s—踏步高度；H_s—踏步段高度；m—踏步数；

b—支座宽度；d—钢筋直径；l_{ab}—受拉钢筋基本锚固长度；l_a—受拉钢筋锚固长度

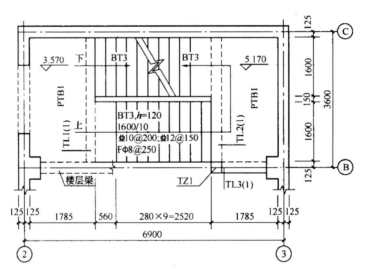

图 6-13 BT型楼梯平法施工图（平面注写方式）设计示例

（▽3.570~▽5.170楼梯平面）

梯板的平面几何尺寸梯段宽1600mm，梯段的水平投影长度为560＋2520＝3080mm，其中低端平板长度为560mm，踏步段的水平投影长度为2520mm；梯井宽为150mm；楼层和层间平台宽均为1785mm；另外还有墙厚为250mm；楼梯的上下方向箭头；图中楼层和层间平台板、梯梁、梯柱的配筋的注写内容从略。

参 考 文 献

[1] 中国建筑标准设计研究院 . 11G101－1 混凝土结构施工图平面整体表示方法制图规则和构造详图（现浇混凝土框架、剪力墙、梁、板）[S]. 北京：中国计划出版社，2011.

[2] 中国建筑标准设计研究院 . 11G101－2 混凝土结构施工图平面整体表示方法制图规则和构造详图（现浇混凝土板式楼梯）[S]. 北京：中国计划出版社，2011.

[3] 中国建筑标准设计研究院 . 11G101－3 混凝土结构施工图平面整体表示方法制图规则和构造详图（独立基础、条形基础、筏形基础及桩基承台）[S]. 北京：中国计划出版社，2011.

[4] 中国建筑标准设计研究院 . 12G901－1 混凝土结构施工钢筋排布规则与构造详图（现浇混凝土框架、剪力墙、梁、板）[S]. 北京：中国计划出版社，2012.

[5] 中国建筑标准设计研究院 . 12G901－2 混凝土结构施工钢筋排布规则与构造详图（现浇混凝土板式楼梯）[S]. 北京：中国计划出版社，2012.

[6] 中国建筑标准设计研究院 . 12G901－3 混凝土结构施工钢筋排布规则与构造详图（独立基础、条形基础、筏形基础、桩基承台）[S]. 北京：中国计划出版社，2012.

[7] 中国建筑科学研究院 . GB 50010—2010 混凝土结构设计规范 [S]. 北京：中国建筑工业出版社，2010.

[8] 中国建筑科学研究院 . GB 50011—2010 建筑抗震设计规范 [S]. 北京：中国建筑工业出版社，2010.

[9] 上官子昌 . 平法钢筋识图与计算 100 问 [M]. 北京：化学工业出版社，2014.

图书在版编目（CIP）数据

例解钢筋识图方法 / 李守巨主编 . —北京：知识产权出版社，2016.6

（例解钢筋工程实用技术系列）

ISBN 978-7-5130-3886-7

Ⅰ. ①例… Ⅱ. ①李… Ⅲ. ①钢筋混凝土结构—建筑构图—识别 Ⅳ. ①TU375

中国版本图书馆 CIP 数据核字（2015）第 261374 号

内容提要

本书根据《混凝土结构施工图平面整体表示方法制图规则和构造详图》（11G101－1～11G101－3）和《混凝土结构施工钢筋排布规则与构造详图》（12G901－1～12G901－3）及《混凝土结构设计规范》（GB 50010—2010）、《建筑抗震设计规范》（GB 50011—2010）编写。全书共分六章，包括：基础钢筋识图、柱构件钢筋识图、梁构件钢筋识图、剪力墙构件钢筋识图、板构件钢筋识图以及板式楼梯钢筋识图。

本书内容丰富、通俗易懂、实用性强、方便查阅。可供设计人员、施工技术人员、工程造价人员以及相关专业师生学习参考。

责任编辑：段红梅　刘　爽　　　　责任校对：谷　洋

封面设计：刘　伟　　　　　　　　责任出版：刘译文

例解钢筋工程实用技术系列

例解钢筋识图方法

李守巨　主编

出版发行：知识产权出版社 有限责任公司	网　　址：http://www.ipph.cn
社　　址：北京市海淀区西外太平庄 55 号	邮　　箱：100081
责编电话：010－82000860 转 8125	责编邮箱：39919393@qq.com
发行电话：010－82000860 转 8101/8102	发行传真：010－82005070/82000893/82000270
印　　刷：北京富生印刷厂	经　　销：各大网上书店、新华书店及相关专业书店
开　　本：787mm×1092mm　1/16	印　　张：12.25
版　　次：2016 年 6 月第 1 版	印　　次：2016 年 6 月第 1 次印刷
字　　数：320 千字	定　　价：38.00 元
ISBN 978-7-5130-3886-7	